时节之美

朱爱朝给孩子讲二十四节气

朱爱朝 著

天津出版传媒集团
百花文艺出版社

新经典文化股份有限公司
www.readinglife.com
出　品

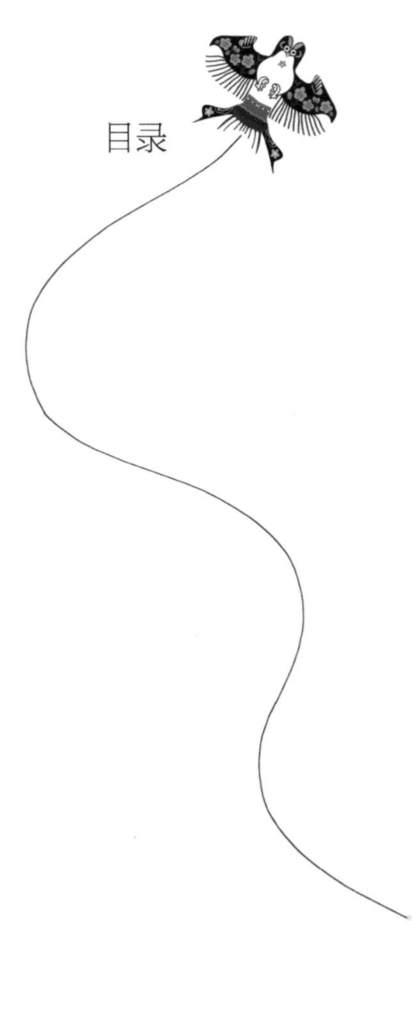

目录

写给孩子的二十四节气 1

很久很久以前 5

呼啦呼啦转 11

圆圆的房子 17

立春

东风送暖，春回大地 29

立春三候 33

春：旭日初升，绿草萌发 34

年：从“禾”字说起 35

雨水

春风化雨，草木萌动 41

雨水三候 46

雨：来自高空的云层 47

水：水花飞溅 48

惊蛰

春雷响，万物长 51

惊蛰三候 54

虫：“有它吗？” 55

春分

春在枝头已十分　59

春分三候　62

日：圆圆的太阳　63

华：一株开满鲜花的树　64

雷：电闪雷鸣　66

电：神速的闪电　67

清明

春和景明，慎终追远　71

清明三候　73

明：日月相依，交放光辉　74

瓜：大瓜结在蔓上　75

谷雨

杨花落尽子规啼　79

谷雨三候　81

谷：谷粒淌泻而下　82

立夏

花褪残红青杏小　89

立夏三候　93

夏：威武雄壮的中国人　94

小满

麦到小满日夜黄 99

小满三候 102

车：轮子转呀转 104

麦：瑞麦从天降 107

芒种

四野皆插秧，处处菱歌长 111

芒种三候 114

龙：万物之首 115

夏至

绿树阴浓夏日长 119

夏至三候 122

阳：太阳升到了旗杆顶上 124

小暑

荷花映日，蝉鸣阵阵 129

小暑三候 131

煮：用锅来煮碎肉 132

伏：左人右犬 134

安：女坐室内为安 135

大暑

萤火虫飞舞的夏夜　139

大暑三候　142

湿：水把丝给打湿了　144

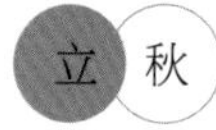

一叶落知天下秋　151

立秋三候　155

秋：一只头有触须的秋虫　156

社：一块上小下大的石块　157

叶：枝上的小点　159

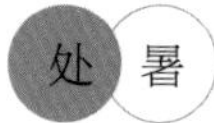

稻花香里说丰年　163

处暑三候　166

处：“虎”坐“几”上　167

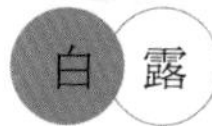

草木黄落雁南归　171

白露三候　174

白：一粒白白的米　176

鸟：鸟儿鸟儿，尾巴长长　177

秋分

月是故乡明　181

秋分三候　184

金：里面竟然有个铃子　185

寒露

登高怀远，菊香盈袖　189

寒露三候　192

酒：酒坛子里飘酒香　193

霜降

霜叶红于二月花　197

霜降三候　199

黄：兽皮、病人，还是着火的箭矢？　200

立冬

冬来万物藏　207

立冬三候　209

冬：把太阳锁在天幕里　210

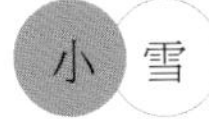

小雪

北风吹雁雪纷纷　213

小雪三候　215

雪：用手捧雪花　216

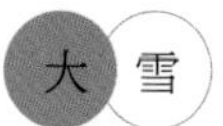

瑞雪兆丰年　219

大雪三候　221

兆：龟甲上的裂纹　222

天寒地冻，围炉数九　225

冬至三候　228

至：箭落地面　229

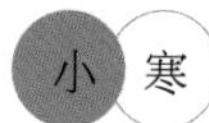

梅花香自苦寒来　233

小寒三候　236

寒：躲在堆满草的屋子里　237

辞旧迎新，珍重待春风　241

大寒三候　245

冰：水凝结而成冰　246

写给孩子的二十四节气

推土机年年作响，乡村在逐渐消失。

时代的列车越开越快，我们离大地越来越远。

在充满变化的大数据时代，如何缓解孩子被速度旋风裹挟的焦虑？如何帮助孩子在善变的世界中找到自我的平衡？如何让孩子将根基扎入脚下的土地，又以开放的胸襟与当下、未来连接？

这是写这本书最初的心念。

五年，寻找通往纳尼亚的魔衣橱，寻找去往霍格沃茨魔法学校的九又四分之三站台，寻找孩子与自然连接的转门。

五年的研究和实践。五个二十四节气的轮转中，一些图像，逐渐清晰；一些答案，开始出现。

以二十四节气为经，以汉字解读为纬的《时节之美》，让孩子安住于四季的循环往复当中，给孩子以完整的滋养。

每一个节气为一个板块。先是节气和物候的介绍，接着是对与节气相关的汉字进行解读。

二十四节气是根据太阳在黄道（地球围绕太阳公转的轨道）上的位置来确定的。它是大自然的节奏，也是我们祖先生活的节奏。每一个节气，分为三候，五天为一候，一年二十四个节气，就有七十二候。“候”，更细致地表现出植物、动物和天气的变化。

把二十四节气与七十二候带给与农耕生活越来越远的孩子，意义何在？

工业文明给我们的生活带来诸多便利，也让我们与自然的关系变得无比脆弱。二十四节气和七十二候，是我们的祖先与天地日月，与山，与水，与风云雨雪的对话，有助于引发孩子对周围物候、动植物变化的关注，让孩子重新思考自己与周遭世界的联系。

二十四节气中的节气习俗和老故事讲述，是对与大地紧密连接、人和天地和谐共处的农耕时代的回望，带孩子回到春阳和煦、惠风和畅的中国文化的广袤乡野。黑头发、黑眼睛、黄皮肤，是我们的外在标识。沉淀在生活深处的习俗，能让孩子对自我有更深的体认，更自信地融入多元的世界。

二十四节气的讲述当中，融入了一些古典诗句。这些诗句，有切合孩子理解力的清浅解释。在古典诗文里，听一听雪花飘落的声响，看明月松间朗照，清泉石上流淌，在自在飞花、无边丝雨里，感受每一个朴素日子的优雅和美好。

和二十四节气相关的汉字析源，由我手写完成。把世界的纷扰关在门外，安静地享受用手书写的缓慢时光。手书是书写者伸出温暖的手，牵孩子走入图画般美丽、故事般丰富的古老的汉字世界。看惯了整齐划一的印刷文字的孩子，从手书中，感受生命的素朴与真实，看到汉字与万物的连接。

愿我们像我们的祖先一样，保有对于天地万物的恭敬之心。愿我们不断地回到我们的来处，获得更多来自大地的力量。

“迈迈时运，穆穆良朝。”愿我们在二十四节气的周而复始、生生不息中，拥有更饱满的喜悦，和美安然。

很久很久以前

很久很久以前……

你也许会说，呀，我知道你要告诉我，很久很久以前，这个世界上还没有一个人。

的确，那是很久很久以前的事情了。

不过，我要说的，是比这更久的很久很久以前。

很久很久以前，发生了一次宇宙大爆炸，产生的气团渐渐聚集在一起，其中一团形成了一个又圆又大的火球，在天空中旋转，旋转。这个火球就是太阳。它不仅不像我们今天看到的太阳的样子，而且还火星四溅。

你可能会问:“被太阳的光芒照到，眼睛都会痛，那太阳的火星溅到人身上可怎么办？”

哈，我前面不是说了吗？那个时候，一个人都没有，甚至连我们的地球也还没有出生呢。

你可能又会问了:“太阳为什么会火星四溅？”

问得好！

在太阳的周围，有一些飘荡的气体、陨石。它们一边运转一边聚集，其中有一些比较大的颗粒，形成了星子。

星子实在是太多了，也实在太顽皮，它们总喜欢碰来碰去。“砰”，星子一被星子二猛撞了一下，由颗粒变成了粉末。“哐！哐哐！”星子三在撞星子四。它们俩旗鼓相当，撞了好久也难分上下。它们撞累了，精疲力竭地靠在了一起。靠在一起的感觉，要比相撞的感觉好多了。星子三和星子四握握手，成了好朋友，聚积在一起成了团状的星子。团状的星子越来越大，就变成了星球。

慢慢地，好多个星球出现了。

你一定猜到了，地球就是在这个漫长的过程中诞生的。它是这好多个星球当中的一个。

地球诞生以后，仍然有无数好动的星子和地球撞来撞去。“咚！咚咚！咚咚咚！”星子和地球碰撞的时候产生了巨大的热量。不过还好，地球的大气中有很多水蒸气和二氧化碳，它们吸收了这巨大的热量。

后来，这“砰砰”“哐哐”“咚咚”的撞击声越来越少了。没有了与其他星子冲撞产生的热量，地球表面的温度渐渐变低了。

大气中的水蒸气遇冷会变成什么？

当然是小水滴啦！小水滴越聚越多，就开始下雨了。

“沙沙沙！”“沙沙沙沙！”

“哗啦啦！”“哗啦啦啦！”

雨越下越大。

雨一直下，一直下，一直下……

地球上的坑坑洞洞都被水填满了，于是海洋出现了。

老是下雨的地球实在是太单调！

别着急，最初的生物——海洋中的微生物出现了。不过它们太小了，小到只能在显微镜下面才能看到。这些小小的生物到处串门，有些胆大的就来到了岸上，爬上了岩石。

各种颜色的植物在陆地上蔓延。植物让地球有了美丽的外衣，更棒的是，植物可以利用阳光和二氧化碳进行光合作用制造氧气。高大的蕨类植物形成了密密的丛林，氧气越来越多，充满了整个地球。氧气在紫外线的长期照射下转化成了臭氧。臭氧越聚越多，形成了地球坚固的保护膜——臭氧层。

臭氧层对地球上的生物到底有多重要呢？为了让你了解得更清楚，我们得从很久很久以前飞速穿越到现代。

一九八五年，靠近南极的智利、澳大利亚、新西兰这些国家，很多鱼变成了“盲鱼”，只能在水里瞎撞。满山坡闲逛着吃青草的羊变成了傻傻呆呆的“盲羊”。很多人得了皮肤癌和白内障。这是怎么啦？原来，南极臭氧层出现了一个巨大空洞，太阳光中强烈的紫外线把鱼和羊的眼睛都灼伤了。

地球上的万物都需要阳光。但阳光中有一种紫外线，如果人们长时间接触，皮肤就会被晒伤。强烈的紫外线还会导致白内障，甚至使人双目失明。臭氧层是生物的保护神，它会阻止紫外线进入地球，将其吸收。臭氧层的出现，让地球上的生物可以安全地吸收阳光。当臭氧层出现空洞的时候，就会出现上面所说的那样让人悲伤的后果。

让我们再次穿越回很久很久以前。

有了色彩的地球，好像还缺点什么……

猜猜看，接下来出现的是——

对了，小小的、小小的虫子在水里出现了。它们那么小，只能在显微镜下看到。又过了很多年，温暖的海水中出现了最初的长有外壳的生物，其中最有代表性的是三叶虫。

然后，昆虫出现了。它们有的在水里游，有的在陆地上爬，也有的在天上飞。蝎子、蜈蚣、蜘蛛，是最先出现在陆地上的动物。在厨房遇到会让人尖叫的蟑螂，在那个时候也已经出现了。你在树丛中还会看到个头很大的巨脉蜻蜓。它的翅膀张开的时候，足足有七十厘米宽呢。

再后来，鱼儿出现了。体长可达八米的恐鱼，在海里横冲直撞，真是一种可怕的鱼。像青蛙、蝾螈、蟾蜍一样，既可以生活在水里，也可以生活在陆地上的两栖动物也出现了。两栖动物尽管生活在陆地上，但是产卵以及后代的成长仍须在水中进行。

又过了很多年，出现了爬行动物。爬行动物在潮湿的土地中挖洞产卵，它们的宝宝在破壳而出的时候，已经拥有了发育完整的肺部和腿部。那个时候的爬行动物，面临着干燥气候的挑战。那时的地球，晚上气温会降到零摄氏度，白天又高达四十摄氏度。地球上的陆地都挤到了一块儿，这片超级大陆上根本找不到水，就像沙漠一样。在这样的折腾里，大海和陆地中生活的百分之九十以上的生物都受不了了，在地球上消失了。有着发达四肢、坚硬鳞片的爬行动物，比如龟、鳄鱼、蜥蜴和蛇类，是能适应这种挑战的动物。

恐龙曾经是占据统治地位的爬行动物种群，但不管是以植物为食的草食性恐龙，还是那些可以依靠后肢奔跑的肉食性恐龙，最后都从地球上消失了。

又过了很多很多年，在天上飞翔的鸟出现了。有人认为鸟的鼻祖是始祖鸟，当然也有古生物学家认为它不是鸟类，而是恐龙。始祖鸟是一种长着鸟的羽毛，同时能用后腿奔跑的动物，大小与鸽子差不多。它的翅膀两边各长了三根尖尖的趾爪，可以沿着树干往上爬。它常常爬到树顶或比较高的岩石上，然后张开翅膀，像滑翔机一样朝下俯冲。因为它还没有办法像现在的鸟一样，想飞就飞。

喝妈妈的乳汁长大的哺乳动物也出现了，狗、老鼠、大象、狮子、鲸鱼、牛都是哺乳动物。哺乳动物又叫“长毛动物”，因为哺乳动物都有厚厚的皮毛或者兽皮。没有皮毛的大象皮肤粗粗厚厚的，河马、海豹、鲸鱼则拥有厚厚的脂肪层。海豹即使在北极的严寒中，仍能怡然自得。不管外部的环境如何变化，哺乳动物的血液都几乎保持着同一温度。跟我们人一样，它们的体温不受外界冷热的影响而保持着恒定。哺乳动物的听觉也十分敏锐。哺乳动物中，蝙蝠拥有飞行的能力。蝙蝠身体两侧的前肢有四根很长的趾骨，在趾骨之间长着的薄翼膜，慢慢进化成了翅膀。哺乳动物一般是胎生的，但有一种特殊的哺乳动物是卵生的，那就是有着像鸭子一样扁扁的但柔软的嘴、像海獭一样的身体和像海狸一样尾巴的鸭嘴兽。它在溪岸边挖洞筑巢，在水中觅食。鸭嘴兽在水中觅食的时候，它前足巨大的蹼会张开来，像浆一样划水前进。回到陆地时，它的蹼又能像伞一样收拢并向里面折起来，只露出前足上锐利的爪子，挖掘巢穴。鸭嘴兽妈妈产卵、哺乳的巢穴，有八到三十米深。鸭嘴兽的尾巴宽大、扁平，在水中就像舵一样把握着方向。它肥肥厚厚的尾巴，还是冬眠时的能量补给站。

最后，人类出现了。那么，接下来，会发生什么呢?

休息一下，休息一下，明天再继续。

呼啦呼啦转

小的时候，我和小伙伴们常常玩游戏。比如说，踢毽子、跳皮筋、跳房子，这是女孩们喜欢玩的。男孩们呢，就滚铁环、打陀螺。有一个游戏，很简单，男孩女孩都爱玩。

那就是原地转圈圈。你玩过吗？我小的时候，很能玩这种游戏，可以转好多好多圈。把手伸开，与肩齐平，有助于保持平衡，这样，就能转更多圈了。转着转着，周围的一切就模糊了；转着转着，只听到风在耳边呼呀呼地吹口哨。转着转着，我就晕了，倒到了地上。

这个游戏，最会玩的猜猜是谁？你可能想不到吧，最会玩这个游戏的，是我们脚下的地球。地球可是天天都在玩这个游戏。地球不仅自己转，同时也围着太阳转。就好像我们一边自己转圈，一边又绕着学校的运动场转圈。更牛的是，地球每天这样呼啦呼啦转，也不会摔倒。

地球始终围绕着连接南北两极的假想自转轴转动。它的自转轴是倾斜的，因此，地球绕太阳旋转的时候，太阳有时辐射南半球多，有时辐射北半球多。对于温带地区，太阳辐射南半球多时，南半球吸收太阳的光更多，就是热热的夏天，大家即使只穿短衣短裤也热汗直流。而北半球就是冷冷的冬天，大家出门时穿了厚厚的衣服，还要戴上帽子和手套。

那么，太阳辐射北半球多时，北半球和南半球的温带地区分别是什么季节呢?

好好想想——

嗯，对了。太阳辐射北半球多时，北半球吸收太阳的光就更多，北半球是夏天，而南半球正好相反，就是冬天了。

地球一直保持着自转轴倾斜的状态绕太阳旋转，所以，南半球和北半球的季节相反，而且，季节也在不断地变化。

最初的人类，以捕猎动物和采集植物为生。人类还不会耕种，也没有家畜，狗是人们的狩猎伙伴而不是宠物。打猎是一件很危险的事情，可能一不小心，自己就成了猛兽的口中之食。后来人类学会了用石头制造工具，有了武器，打猎时就方便多了。

我们的祖先是怎样狩猎的呢？我们先一起来看看这几个字："蒐""苗""狝""狩"。

蒐（sōu），春天打猎的意思。春天，我们的祖先只搜索、猎取没有孕育幼崽的野兽。因为春天是野兽繁殖的季节。

苗，《左传》中记载，夏猎为苗。到了夏天，是庄稼、苗儿生长的时期，为了保护庄稼不受野兽的糟蹋，让粮食有好的收成，我们的祖先会在田间猎取毁坏庄稼的野兽。

狝（xiǎn），古代指秋天打猎。秋天，猎捕伤害家禽的野兽。

狩（shòu），特指冬天打猎。冬天猎杀一些野兽，维持大自然平衡。

男人们外出打猎，女人就去采集野菜、果子等可以吃的植物或植物果实。

一天，有个人发现，丢在地里的种子竟然长出了植物。这样获得的食物，比打猎更安全，也更有保障。于是，人类开始在田地里耕种。

谷物等植物的生长需要依靠太阳。因此，弄清楚季节的变化，开始变得重要起来。人类迫切地需要找到规律来确保正确的种植时机。

在中东，底格里斯河和幼发拉底河之间的古巴比伦，人们深受河水泛滥之苦，他们的祭司观察着太阳、月亮和星星的运行轨迹，并用石柱进行测量。他们在一年当中白天最长的夏至中午测量石柱的影子，然后耐心等待，直到影子又回到同样长度为止。巴比伦人据此制定了历法，将一年分为十二个月，一天分为二十四小时。

在英国南部的索尔兹伯里平原，人们建造了巨石阵来观测天象。巨石阵是由很多大石块围成的，不同石块之间的连接线指明了太阳、月亮升起和降落的方向。石圈中有二十九个高大的门和一个狭小的门。石圈外圈有两圈圆孔，内侧的一圈有二十九个圆孔，外侧的一圈有三十个圆孔。二十九个大门，一个小门，可以算是二十九点五个门。

内侧二十九个圆孔，外侧三十个圆孔，平均是二十九点五个圆孔。很久以前人类就发现，两次新月或满月之间，相隔约为二十九点五天。祭司会仔细观察巨石上的阴影，然后告诉人们什么时候可以播种，什么时候又该剪羊毛了。观察四季变化不仅对于耕种，对驯养家畜也非常重要。小羊羔在春季出生，剪羊毛得选择合适的时候。

确定季节对生活在尼罗河边的埃及人也很重要。庄稼的收成与每年的尼罗河泛滥息息相关，而尼罗河的泛滥是按照季节出现的。尼罗河的水主要来自上游的两大支流——青尼罗河和白尼罗河。这两条支流主要流经热带草原气候区，一年中有很明显的旱季和雨季。每年夏天雨季来临时，大量的水流到下游，导致尼罗河泛滥。古埃及人把尼罗河水开始泛滥的日子，定为一年的开始。他们按尼罗河水的涨落与农作物生长的规律，把一年分为三季（泛滥季、耕种季、收获季），每季分为四个月，一年共十二个月，每月三十天，岁末增加五天节日，共三百六十五天，这就是太阳历。尼罗河定期泛滥，给埃及带来洪水灾害的同时，也带来了肥沃的土壤。

那么，我们中国人的祖先是怎样观测天象的呢？

很早很早以前，我们的祖先就发现，房屋啦，大树啊，在太阳的照射下会投出影子。慢慢地，他们又发现，影子的变化是有规律的。于是，有人在平地上立了一根竿子或石柱来观察影子的变化。你发现了吧，不管是在巴比伦、英国，还是在我们中国，石柱都是用来测量时间的好工具呢。我们的祖先把这根竿子或柱子叫作“表”。人们用一把尺子来量“表”的影子有多长。后来，人们发现，正午时的表影总是投向正北方向。于是，他们就用石板做了一把尺子，把这把石尺铺在地上，与直立的“表”垂直。这样，石尺的一头连着“表”的底部，另一头指向了正北方向。这把用石板制成的尺子，我们的祖先叫它“圭”。到了正午的时候，表影投在石圭上，人们就能直接读出表影有多长了。

“一天中表影在什么时间最短？”你知道吗？

“当然是正午啦！”

“一年中哪一天的正午表影最短？哪一天的最长？”

嗯，想一想。

“一年中夏至那一天，火辣辣的太阳当空照，表影自然最短。而冬至那一天的正午，温和的太阳斜斜照射，表影最长。”

“再想一想，怎样测出一年的时间长度？”

“以正午的表影长度来计算。连续两次测得表影的最长值，这两次最长值出现时间相隔的天数，就是一年。”

“还可以怎么测？”

“也可以连续两次测得表影的最短值，这两次最短值出现时间相隔的天数，也是一年。”

天哪！你答得太棒了！

我们的祖先就是这样测量的，他们很早就知道了，一年约等于三百六十五天。

先为我们的祖先鼓鼓掌吧。明天，我们继续踏上新的发现之旅，看看我们的祖先又有了什么新的发现。

圆圆的房子

咦，你的朋友站在阳台上，望着天空，口中在念什么？

听听——

“老天爷，老天娘，明天一定要是晴天啊！要不然，郊游就会取消了。”

哈！原来是要去郊游啊。书包里已经鼓鼓囊囊地塞满各种好吃的食物，一切都已经准备好了。让你的朋友担心的，就只有天气情况了。

不过还好，我们如果想知道第二天的天气情况，可以去看“天气预报”。

很久很久以前，可没有“天气预报”。但是，人们已经充分认识到了天气的重要。打猎需要好天气，出海捕鱼需要好天气，种庄稼就更需要好天气了。

五谷丰收了，人们会说：“老天爷帮了大忙啊！”

收成不好了，人们会说：“老天爷怎么不开眼哪！”

老天爷的脾气真是难以捉摸呀，刚刚还阳光灿烂，一会儿就下起了倾盆大雨。去年还雨水充沛，今年就一滴雨都舍不得下了。

虽然老天爷变化无常，但经过长时间的观察，人们还是发现了一些天气变化的规律。比如一年当中，有几个月会很炎热，有几个月会很寒冷，有几个月特别温暖，有几个月又特别凉爽。与时时刻刻变化的天气不同，这样的规律是比较稳定的。这样长时间在一个地区出现的固定的天气变化情况，就叫作气候。

很久很久以前，我们的祖先主要生活在两条很长很长的大河附近。一条叫长江，一条叫黄河。

在水边，植物生长得更繁茂。人们可以采摘树上的果实作食物，也可以砍下植物的枝叶来盖房子。动物也聚集过来，人们打猎就更方便了。动物的肉可以吃，皮毛可以做成衣服。水中可以行船，来往就更方便了。你看，衣、食、住、行，这些问题在水边，都能解决。

黄河流域阳光充足，土壤肥沃，非常适合耕种。我们生活在黄河流域的祖先，在一年又一年的劳作中，找到了这个地方一年四季天气的变化与耕好田、种好地之间的关系。我们的祖先，给这个发现取了个名字，叫“二十四节气”。

前面我们说过，地球除了自己转动之外，也在围绕着太阳转。我们在地球上看太阳，它每天所处的位置都不同，人们将太阳在天空中的轨迹，称为黄道。地球围绕着太阳，一年转一个圈，也就是三百六十度。我们把这个圆圆的圈平均分成二十四份，每份会是多少度呢？

算一算——

把三百六十度等分为二十四份，每份就是十五度。

我们的祖先根据太阳直射在地球上不同位置的气候变化情况，每隔十五度，划分一个节气，每个节气相隔约十五天。这样，每个月就有两个节气，一年十二个月，刚好二十四个节气。每月的第一个节气为“节气”，第二个节气为“中气”。现在人们已经把“节气”和“中气”统称为“节气”了。

二十四个节气，表示地球在公转轨道上二十四个不同的位置。二十四个节气就是按照气候的变化情况，将一年平均分成二十四个阶段。如果这是一栋圆圆的房子，圆房子里就有二十四个房间，每个房间都有名字。从每个房间的窗口，我们都可以看到不一样的风景。立春、立夏、立秋、立冬，划分着一年四季；春分、秋分、夏至、冬至，是季节的转折点；小暑、大暑、处暑、小寒、大寒，这是一年中最热和最冷的时期；白露、寒露、霜降，告诉了我们气温下降的过程和程度；惊蛰、清明、小满、芒种，反映了季节和农作物的生长现象。

记起来有点困难吧。读读节气歌，二十四个节气，全都包含在里面。

春雨惊春清谷天，夏满芒夏暑相连。

秋处露秋寒霜降，冬雪雪冬小大寒。

这首节气歌中除了个别字之外，每一个字都代表着一个节气。

我们现在来试着画一幅图。你也可以请爸爸妈妈来帮帮忙。

先在纸上画一个圆圈。

接着，经过圆心垂直画一条线与圆相交，把圆平分成两半。最上面的那个点，请你标上零度，最下面的那个点，请你标上一百八十度。这两个点非常重要，一会儿你就知道了。

经过圆心再水平画一条线，与之前的线垂直。这下，这个圆是不是已经被分成了四等份？

然后经过圆心继续画线，把每个四分之一圆平均分成三份。

画完了吧，数数看，这个圆被平均分成了多少份？

十二份。对应的是一年中的十二个月。

再把每一份平均分成两半，这个圆就被分成二十四份了。二十四份，对应的是一年中的二十四个节气。

零度的那个点上，请写上“春分”，那么，一百八十度的点上，就是“秋分”了。春分日和秋分日是一年当中很特殊的两天，白天和黑夜会一样长。

九十度和二百七十度的点上，就分别是“夏至”和“冬至”了。夏至日在一年当中白天最长，冬至日白天最短。

找找“立春”，在哪一点上？这个有点难。我们读读二十四节气歌的第一句。“春雨惊春清谷天”，除了“天”字外，其余各字分别代表（立）春、雨（水）、惊（蛰）、春（分）、清（明）、谷（雨）六个节气。

“春分”的前一个节气是“惊蛰”，每十五度是一个节气，那“惊蛰”就在三百四十五度的位置。“雨水”呢，就在三百三十度，“立春”，自然就在三百一十五度了。“春分”的后一个节气是“清明”，“清明”在十五度的位置，“谷雨”再移十五度，在三十度的地方就可以标上“谷雨”了。

接下来就容易了。二十四节气歌的第二句。“夏满芒夏”，代表着（立）夏、（小）满、芒（种）、夏（至），“暑相连”指的是小暑和大暑。

填好了吗？读第三句。“秋处露秋寒霜降”，是指哪几个节气？

（立）秋、处（暑）、（白）露、秋（分）、寒（露）、霜降。

再往下填。“冬雪雪冬小大寒”，分别指的是（立）冬、（小）雪、（大）雪、冬（至）、（小）寒、（大）寒。

现在你画出的，就是二十四节气图。

画好这个二十四节气图，可真不容易。请你把它保存起来或者贴到墙上，接下来，每读到一个关于节气的故事，你就可以在相应节气的“小房间”里写上或画上些什么。当每个“小房间”都被填满的时候，它就是你独有的二十四节气图了。

在每个“房间”，我们会看到不一样的风景。

立春，我们将看到一树梅花绽放窗前。

雨水，雁儿向北飞去。

惊蛰，桃花朵朵开。

春分，油菜花开，燕子归来。

清明，纷纷的雨下起来了。

谷雨，农民开始播种。

立夏，樱桃红了。

小满，麦子散发出清香。

芒种，螳螂在草丛间跳跃。

夏至，炎炎夏日来临。

小暑，蟋蟀声声鸣。

大暑，萤火虫，打灯笼，飞到西来飞到东。

立秋，寒蝉鸣叫。

处暑，虫儿夜夜大合唱。

白露，燕子飞回南方啦。

秋分，霜叶红了。

寒露，菊花开放。

霜降，片片叶子落下来。

立冬，水开始结冰。

小雪，雪花飘啊飘。

大雪，又可以堆雪人、打雪仗了。

冬至，夜晚多么安静。

小寒，喜鹊开始筑巢。

大寒，母鸡开始孵小鸡了。

二十四节气，既是大自然的节奏，也是我们生活的节奏。在二十四节气的循环中，我们感受着天地带给我们的美好，安然圆满。

春

立春

立春

东风送暖，春回大地

立春是二十四节气中的第一个节气，一般在公历的二月三日至五日之间，太阳到达黄经三百一十五度时。你看看你的二十四节气图，是这样的吧？

在我们大多数人的印象中，古老的二十四节气应该是和农历联系在一起的，其实节气的日期，是根据公历来划定的。

由于太阳在二十四个“房间”里待的时间几乎相等，所以二十四节气的公历日期每年大致相同。

上半年来六廿一，下半年来八廿三，
每月两节日期定，最多不差一两天。

二十四节气的公历日期上半年都在每月六日、二十一日前后，下半年在每月八日、二十三日前后。每月两个节气的日期是比较确定的，最多也不过相差两天。

每一个节气，分成三候，五天为一候。一年二十四节气，就有七十二候。“候”，是我们的祖先对于植物、动物和天气变化更细致的观察和总结。植物候有植物发芽、开花和结果情况；动物候总结了动物什么时候开始鸣叫，什么时候开始搬家，什么时候生小宝宝；气象物候告诉我们雷公什么时候会敲鼓，电母什么时候会闪电，等等。我们的祖先细致地观察动物、植物和天气的变化，用“七十二候”来帮助计时。

“立”，就是开始的意思。立春表示春天来了。从这一天开始，风儿变得温柔了，再也不会顽皮地用冷冰冰的手来冰你的脸和脖子。河水活跃了，“叮咚叮咚”地弹着琴。小草从地下钻出来，大树长出嫩绿的新叶。但是立春时节，还是沾带着冬天的味道，有的时候天气还是比较冷的，甚至会飘起雪来。

古时候，在立春的前三天，天子就开始斋戒准备迎春。他会沐浴更衣，不饮酒，也不吃葱、大蒜、韭菜、姜这些有刺激气味的菜，以免嘴里发出难闻的气味，让神灵觉得不被尊敬。天子也会减少娱乐活动，以表达自己迎春的虔诚。

到了立春日，那是很隆重的一天。天子会率领文武百官，到很远很远的郊外去迎春，祈求五谷丰收。

对于老百姓来说，立春日也是非常热闹的一天。立春日会“打春牛”。不会打真的牛啦,那太残忍了。牛那么勤劳,怎么忍心去打它呢?春牛，通常是用泥土做成的土牛，这只土牛的肚子里呀，还有一只小牛。把土牛打碎了，四周围观的人就笑着闹着来抢打碎的土块。妞妞爸爸抢到牛角上的一块土，他可兴奋了，因为据说春牛角上的土能使农田丰收。牛牛妈拿到一块牛身上的土，准备把它放在家里，据说这样做宜于养蚕。靖娃的奶奶抓到了一块据说能和药治病的牛眼上的土。总之，大家都高高兴兴地拿着春牛身上的土回家了。小娃娃们佩戴着妈妈用绢制作的“小春娃”，跟在走街串巷的小贩身后，看那彩纸缠绕的栏座上用泥土塑出的可爱“小春牛”。

女孩们贴上燕子状、蝴蝶状的头饰，把自己打扮得漂漂亮亮的。

妈妈们在忙着烙春饼。用面粉烙出或蒸出一张薄薄的饼，在饼里夹上春蒿、黄韭、蓼芽，味道美极了。

立春日吃春饼，叫“咬春”。有的地方在立春的那一天吃萝卜，也叫咬春，不过咬的是脆脆的生萝卜。在过去，街头巷尾，整整一天都有卖生萝卜的小贩，他们用脆脆的声音吆喝着:“卖萝卜啰！快来买萝卜啊！”

民间是把“立春”作为节日来过的。人们迎春、打春、吃春饼、食春菜、剪春花，欢庆春回大地，也为了一年的丰收而祈福。

在立春，让我们一起来读读谢武彰的《春天在哪里？》吧。

风跑得直喘气

向大家报告好消息：

春天来了——

春天来了——

花朵们听见了

都站在枝头上

来欢迎春天

等了好久好久

还是看不见

都急得踮起脚尖

互相问着说：

春天在哪里？

春天在哪里？

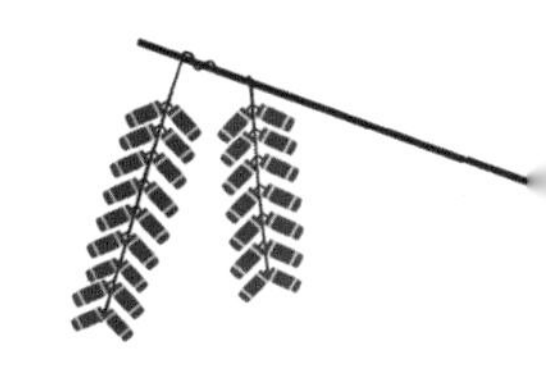

一候，东风解冻

立春之日，和煦的东风来了，严酷的北风渐渐远去。气温慢慢升高，冬天的寒冰逐渐解冻。

二候，蛰虫始振

蛰，蛰伏，动物冬眠，潜伏起来不食不动。立春后五日，躲在洞里睡觉的小虫子慢慢地从洞中醒来，蠢蠢欲动。

三候，鱼陟负冰

再过五日，河里的冰开始融化，鱼儿们也呼唤着小伙伴们来活动了。虽然水面上的碎冰片常常来捣乱，但鱼儿们推开小碎冰，碰碰小伙伴，玩得特别欢。鱼儿在潺潺流淌的水面上游动，碎冰片夹杂其间，像被鱼背负着一样。

春 旭日初升，绿草萌发

甲骨文的“春”是一个形声字。它的左边是形符，表意，上面和下面都是草，中间是红红的太阳。阳光照耀着大地。小草使劲地长啊，长啊。它要冒出来告诉大家，春天来了，春天来了。它的右边是声符“屯”，“十”字木架上缠了一团线，也就是“纯”字的初文。

到了金文，“草”和“日”的位置发生了变化，“屯”移到了中间。

小篆基本和金文相同，只是“屯”的曲笔朝右拐。

“春”的本义为“春阳抚照，万物滋荣”，后来人们便以“春”作为一年四季的第一季节名。“春”是舌齿间字，轻盈娇稚，所以古人也在用声音描绘着春的模样。楷书的“春”，“日”还在，但“草”和声符“屯”成了“春”字的上半部分，根本看不出原形，也分析不出原义了。

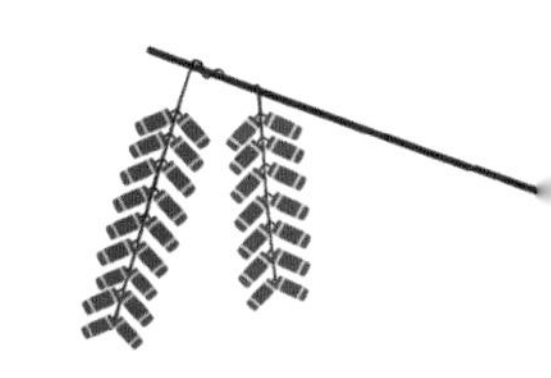

一年当中，和立春最临近的农历节日大概要算春节了。春节又叫阴历年，俗称过年，是我国民间最重要、最热闹的传统节日，标志着年年岁岁新旧的交替。

要说“年”字，得先从“禾”字说起。

“禾”的甲骨文，是一蔸成熟了的稻禾的形状。有秆子，有根，有叶子，也有下垂的谷穗。稻禾的秆子、叶子最初是绿色的，到稻禾成熟的时候，就变黄了。

向左弯垂的穗子沉甸甸的，金文的“禾”，就更像成熟的庄稼了。

“禾”的小篆，沿着甲骨文和金文的形体变化而来，但叶和根开始变形了。总的来说，也还像“禾”的样子。

“禾”的隶书，变化很大。沉甸甸的穗子变成了“禾”字最开始的一撇，两叶变成了一横，秆变成了一竖，而根变成了撇和捺。

“禾”的楷书，相承隶书的形体，发展成为今天的“禾”字。古时候，农业生产技术落后，稻禾一年只成熟一次。所以，“禾”也有“年”的意思。

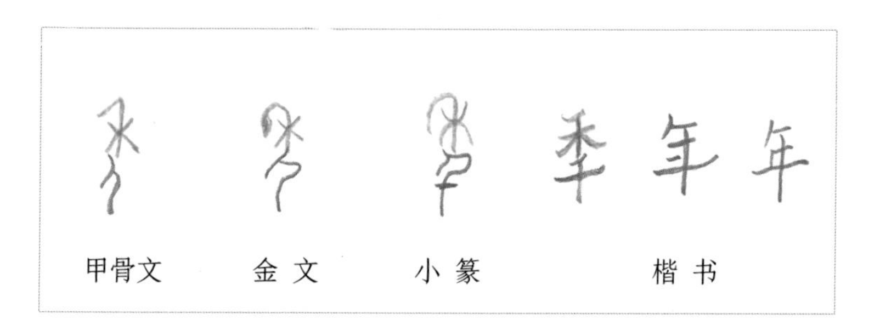

“年”的甲骨文，上面很明显是“禾”字。下面是脸朝向左边，手臂向下斜伸的“人”。稻禾成熟了，割下来扎成一捆一捆的，背回家去。古时候，稻禾一年一熟。庄稼收割完毕之后，要过一个庆丰收的节，这个节，就称为“年”。西周以后，以“年”纪岁。一年，表示地球绕太阳一周的时间。

“年”的金文，“禾下从人”，仍然是人搬运庄稼的样子。

“年”的小篆，下面的“人”的腰上多加了一横，这是怎么回事呢？

原来，在晚周的金文里，“人”身上长出了个大疙瘩。秦代小篆就把这个大疙瘩讹变成了一横。“人”腰上加一横，表示成千上万，数目众多，就成了“千”字。“年”字，也变成“禾千上下连”了。

后来又经过不断的变化，才发展成了今天楷书的“年”字。

雨水

雨水

春风化雨，草木萌动

每年公历的二月十八日前后,太阳到达黄经三百三十度,为“雨水”节气。天气变暖了，雪少了，雨渐渐多了。雨水和谷雨、小雪、大雪一样，都是反映降水现象的节气。

“好雨知时节，当春乃发生。随风潜入夜，润物细无声。”诗人杜甫这首诗说的是，春天是万物萌芽生长的季节，正需要雨水，雨就下起来了。这是多么好的雨啊，伴随着和风，在不妨碍人们劳作的夜晚悄悄地来，静静地下，无声地滋润着万物。

雨水是怎样形成的呢？天晴了，在太阳的照耀下，从潮湿的大地里，从河流大海中，升起许多我们肉眼看不到的“水蒸气”。水蒸气不停地向上升，升到了高高的天空，“好冷啊！好冷啊！”小水滴不由得抱紧自己的身子，打了一个哆嗦，变成一颗小水珠。它旁边的伙伴觉得更冷，变成了小冰珠。小伙伴们抱在一起，成了天空中美丽的云。云中的水滴越聚越多，越聚越沉，终于飘不动了，雨就从云中落下来了。然后又是天晴，水蒸气上升，小水珠聚在一起成了云。就这样，一次又一次，重复不断。

我们喝的水，是从哪里来的呢？你可能会不假思索地说："从水龙头里流出来的呀。"

水龙头里流出来的水，可能来自遥远的山里、湖里，也有可能来自穿过城市的河流。这些水，要流进我们每家每户，可不是一件简单的事情。

在城市的地下，埋着很多弯弯曲曲的管道。这些管道，担负着运输水的任务。如果从湖里或河里取来的水比较脏，就必须通过自来水厂进行净化。自来水厂用各种办法、各种机器来过滤水中的脏东西，用药物来消除细菌，让水变干净。经过净化的水，再通过管道进入千家万户。这些水经历了很远的路程，经过了很多人艰辛的工作，才来到我们的身边，所以，我们要珍爱每一滴水。

雨水是老天爷赐给地球最珍贵的礼物。但有一天，雨水从天上落下来的时候，地球却摆着手说："不要，不要！"

让地球脸色发白的雨，是一种特殊的雨。这种雨，是在现代才出现的。它的名字叫"酸雨"。

雨怎么会变"酸"呢？

让我们先从煤、石油和天然气说起吧。它们都是古老的生物埋在地下，经过千百万年地质的碳化作用形成的。人类在进行工业生产的时候，要燃烧很多很多的煤、石油和天然气，黑烟从工厂的烟囱里摇身而出，在天空中张牙舞爪，其中的碳和空气中的氧结合成了二氧化碳。

除了从烟囱里冒出来之外，你还在哪里看到过黑烟呢？想一想，在马路上。噢，看到了，汽车后面的排气管也在“呼哧呼哧”地喷出烟来。

工厂和汽车排出的二氧化碳、二氧化硫和二氧化氮等气体，狂笑着飘往天空，在大气层里，它们变得更坏了，成了硫酸和硝酸。硫酸和硝酸随着雨水落下来，这就是酸雨。

酸雨大摇大摆进入泥土中，霸道地把泥土中的养分赶了出去，还把原来无毒的铝离子大军游离出来，让它们变成有毒的东西，去伤害高大的树木。酸雨扑进湖泊，鱼儿翻起白眼，湖泊也慢慢地死亡了。

唉，我们的地球生病了，发烧了。

企鹅爸爸孤独地站在一座冰山上，想跳到企鹅妈妈和企鹅宝宝待的另一座冰山上，却无能为力。两座冰山在海上漂浮着，离得越来越远。企鹅爸爸怎么也料想不到，那么巨大的冰架，那从它的爷爷、祖爷爷、祖爷爷的祖爷爷时候起，在几百年前就已经存在的冰架，竟然在短短的几周内坍塌了。看着海上漂浮的无数冰山，看着无数因冰架四分五裂而分离哭喊的同伴们，企鹅爸爸的心比南极的冰还要凉……

在另一个冰雪王国里，北极熊的心也是冰凉冰凉的。从北极冰川上分离出来的大大小小的冰山，正以很快的速度融化。在冰上生活的海豹只能向更寒冷、更往北的地方迁移。北极熊最爱吃的海豹走了，北极熊的肚子也饿得“咕咕”叫了好多天了。北极熊在冰冷的海水中游着，渴望早一点见到冰山，早一点看到海豹。它没有想到，自己作为北极之王，竟然连猎物都捕捉不到。它知道，它能游的距离最多也不会超过二十五公里。如果遇不到冰山休息，它会精疲力竭倒下，淹死在海水中。虽然没有多少力气了，但北极熊还在使劲地往前游……

海洋里，鱼儿们正忙着收拾东西，准备去寻找一座新的珊瑚礁。海水的水温在上升，珊瑚虫无法承受高温而纷纷死去。原来色彩鲜艳美丽的珊瑚礁，现在变得白惨惨的了。鱼儿们只能和那些像鹿角、像蘑菇、像仙人掌、像扇子、像树枝的珊瑚礁房子说“再见”了，它们流浪着去找自己的新家园。

你有没有感觉到地球正在发烧呢？气候越来越干燥，沙漠化越来越严重。“呼——呼——”，黄沙满天，沙尘暴遮挡住了蓝蓝的天空。

绿色的森林在以可怕的速度消失。森林里大树根在地底下牢牢地把住土壤，不让土壤流失。森林还是雨水的贮存库。有了森林，百分之三十五的雨会渗入泥土中，形成地下水；如果没有森林，只有百分之十的雨会成为地下水。人类为了得到牧场、耕地，或者为了建高尔夫球场、停车场，把大片大片的森林砍光了。你在大街小巷看到的广告宣传单大约一年要用一千万棵树来作原料。还有更吓人的，为了制造卫生纸、报纸和纸盒，一年要砍掉一亿棵树！树木砍伐起来容易，但长起来难，从小树长成一棵大树，要好几十年的时间哪！

没有了森林巩固土壤，大雨哗哗下起来，山洪就可能爆发。没有了森林来净化汽车的尾气和工厂排出的废气，空气中的二氧化碳会越来越多，就会让地球发起烧来。

地球在慢慢发烧，气候在一点点变坏。就像温水煮青蛙那样，危机正向我们一步步靠近。

为了让地球不再发烧，我们都应该行动起来，为地球妈妈做一些什么，让空气更洁净，河水更清亮，天空更美丽。

雨水三候

一候，獭祭鱼

天气渐暖，肥美的鱼儿纷纷上游，水獭捕食，往往只吃一两口就抛在岸边。水獭捕食能力强，每食必在岸边堆积许多吃剩的鱼，如同陈列供品祭祀。

二候，候雁北

雨水后五日，大雁开始从南方飞回北方。雁，是守时的候鸟。每年的白露节气一过，大雁就会从北方飞到遥远的南方越冬。第二年的春天，雨水节气过后，大雁感受到春的信息，会再次飞越千山万水，到北方去繁衍生息。

三候，草木萌动

再五日，草木随大地中阳气的上腾而开始抽出嫩芽。雨润万物，新绿点点。

雨 来自高空的云层

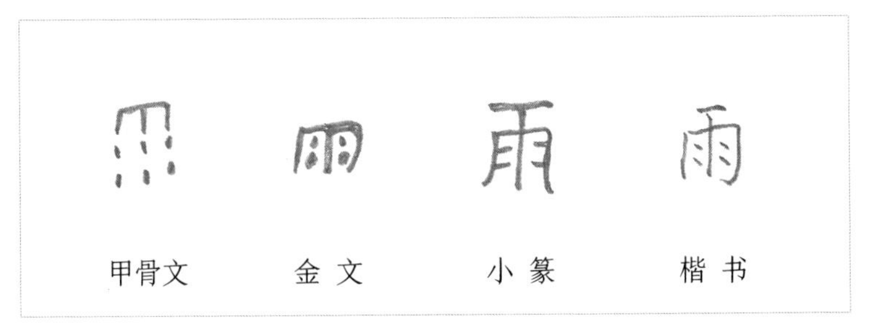

“雨”的甲骨文，最上面的部分，好像是天空。雨，来自高空的云层。天空上落下三竖行小点，是天上降雨时雨点连绵的形象。

“雨”的金文，中间的一竖行雨点，连成了一竖。

“雨”的小篆，发生了一些变化。天空之上多加了一横，是不是表示天空是高高的呢？雨点从直点，变成了横点。

“雨”的楷书基本上与小篆相同。古时候的人，会手拿树枝去求雨。雨太少，旱灾；太多，水灾。所以，雨，适中最好。

水花飞溅

甲骨文　金文　小篆　楷书

“水”的甲骨文，中间弯弯曲曲的线，代表河身，又好像河水正在流动。两旁的四个点，表示河水奔流时溅起的水花。

“水”的金文，没有多大变化，巨流三条流淌为“川”，可见，“水”表示较小的水流。

“水”的小篆，和甲骨文、金文基本相同。

楷书“水”的竖钩，就是中间的那条曲线，左右部分则代表旁边溅起的水花。

惊蛰

惊蛰

春雷响，万物长

惊蛰，是二十四节气中的第三个节气。惊蛰最开始叫启蛰，启，是开始的意思。后来因为汉景帝叫刘启，避他的讳名才改叫“惊蛰”。

公历每年三月五日或六日，太阳到达黄经三百四十五度时为惊蛰。“惊蛰到，惊蛰到，冬眠的虫子睡醒了。”惊蛰的意思是天气转暖，春雷如战鼓敲响，惊醒了蛰伏于地下冬眠的动物，它们开始出来活动了。其实，小虫子们是听不到雷声的，天气变暖才是它们结束冬眠，“惊而出走”的原因。

惊蛰时节，雨水较多，土地吸饱雨水。土地中的水膨胀蒸发，水汽往地面冒，遇冷凝结成水。所以，我们常在惊蛰时节看到“地面回潮”的现象。

惊蛰节气，是春耕的开始。“微雨众卉新，一雷惊蛰始。田家几日闲，耕种从此起。”诗人韦应物说的是，春天的微雨让所有的花儿都焕然一新。春雷震响，蛰伏在地里的虫子被惊醒了。农家还没有享受几天悠闲的日子，春耕就开始了。

惊蛰，是由雷声引起的。在神话当中，雷神有着人的身子鸟的嘴，还长了翅膀。他一手持锤，一手连声打击围绕周身的许多个天鼓，发出轰隆的雷声。天上有雷神击天鼓，人类也顺应天时，在这天来蒙鼓皮，以期制作出的鼓更好。

躲避雷雨最好的地方是在室内或车内。在露天的环境中，一定要避免站在单独的树下，绝对不要让自己成为空地上的最高点。在空旷地带最有效的保护方式就是蹲下，手臂抱腿。最好能蹲在干燥的洼地里，一定要远离金属栅栏和水较多的地方。闪电和雷鸣是同时发出的，人们之所以先看到闪电，后听到雷声，是因为光的传播速度比声音的传播速度要快得多。

惊蛰前后是农历二月初二的“中和节”，俗称“龙抬头”。之所以叫“龙抬头”，是说传说中的龙也从沉睡中苏醒过来了。天空将要打雷，龙王就要降雨了。雨水对于播种插秧的农民来说非常重要，它保证了秋天时的收成。人们还希望借龙的声威来制服百虫，使害虫不能危害庄稼。

二月二，人们会聚在一起喝酒，祭句（gōu）芒神，祈祷丰年。句芒是管理农事的木神，管的是小草和树木的生长。传说太阳每天从神树扶桑上升起。神树归句芒管，太阳升起的地方也归句芒管。句芒鸟身人面，乘两龙。后来，它渐渐化身成为春天骑牛的牧童，头有双髻，手执柳鞭，也称为芒童。二月二这天，人们还会互相赠送刀、尺等礼物，勉励努力劳作。

“有风自南，翼彼新苗。”和暖的南风吹过来，田里刚刚插好的秧苗像长了翅膀一样舞动起来。让我们在春风里，在美好的大自然里，感受生命的安静和美吧。

惊蛰三候

一候，桃始华

南方暖湿气团开始活跃，气温明显回升，桃花即将开放。

二候，仓庚鸣

仓庚，就是黄莺。黄莺在翠柳之间鸣叫。

三候，鹰化为鸠

鹰与鸠是两种不同的鸟，古时候的人不知道鹰飞往北方繁衍后代了，误以为鹰化为了鸠，便以“鹰化为鸠”作为物候特征。

虫 “有它吗？”

惊蛰到，雷公公“轰隆隆”敲响战鼓，各种小虫子从泥土中、洞穴里出来，开始活动。小花蛇扭着小蛮腰，小蛤蟆蹦啊跳，小蜈蚣爬呀爬，小蝎子、小壁虎都出来啦。

“二月二，龙抬头，蝎子蜈蚣都露头。”惊蛰期间，湖北土家族有“射虫节”，浙江宁波有“扫虫节”，河南南阳农家主妇会插香熏虫。旧时各家农村的屋顶上都立有“瓷公鸡”，鸡吃虫子，保护全家安康。有的地方的人会在门槛外撒上具有杀虫作用的石灰，祈望虫蚁一年内都不敢上门。不管是射虫、扫虫、熏虫，还是撒石灰，都是人们在百虫出蛰时给它们的“下马威”，希望害虫不要来骚扰自己和家人。

之所以会流传下这样的习俗，是因为远古时代，我们的祖先住在山洞里、森林中的时候，常常遭受到虫蚁的滋扰，如果遇到毒蛇，会连命都保不住。古时候，大家见面的时候，第一句话并不是“你吃了吗”而是“有它吗”。如果对方答道“无它”，大家就都很开心。“它”，就是蛇在古代的字形。

“虫”的甲骨文，上面是虫子的头，下面是虫身子。

“虫”的金文，与甲骨文相似。

“虫”的小篆，三虫聚集。“虫”本为蛇之类的爬虫动物的象形。你看，两腮有突出毒囊的三条蛇，正在逶迤爬行。有了“蛇”字后，“虫”指昆虫一类的小虫。

后来，“虫”就渐渐演化成如今的字形。

春分

春分

春在枝头已十分

每年公历三月二十一日前后为春分，太阳到达黄经三百六十度，也是零度时，进入春分。春分是反映四季变化的节气之一。“春分”的“分”有两个意思。春分，正好等分春季九十天。分，也指一天中昼夜平分，各为十二小时。这一天阳光直射赤道，昼夜相等。所以古时候又称“春分”为“日中”“日夜分”。从春分开始，白天会越来越长，夜晚将越来越短。

“春分到，蛋儿俏。”春分竖蛋的习俗起源于四千多年前。把鸡蛋大的一头朝下，尖的一头朝上，两手扶住，先稳住再慢慢放开。竖蛋时大头朝下，重心会比较低，就像不倒翁一样，容易保持平衡。

当芬芳美好的春天将树木花草的嫩芽带来的时候，我们内心是多么欣喜愉悦。

春分到，正是草长莺飞的时候，“草长莺飞二月天，拂堤杨柳醉春烟。儿童散学归来早，忙趁东风放纸鸢”。在二月天里，草儿生长，绿意蔓延，鸟儿歌唱，飞去又飞来。杨柳长长的绿色枝条随风摆动，好像在轻轻地抚摸着堤岸。水塘和草木间蒸发的水汽，薄如烟雾，令人沉醉。孩子们放学以后就忙着跑回家，趁着东风把风筝放上天去。

春天，真的是美好的季节。在气候温和、阳光明媚的春分时节，让我们一起去亲近大自然吧。

春天不是读书天；关在堂前，闷短寿缘！

春天不是读书天；掀开被帘，投奔自然。

春天不是读书天；鸟语树尖，花笑西园。

春天不是读书天；宁梦蝴蝶，与花同眠。

春天不是读书天；放个纸鸢，飞上半天。

春天不是读书天；舞雩风前，恍若神仙。

春天不是读书天；放牛塘边，赤脚种田。

春天不是读书天；工罢游园，苦中有甜。

春天不是读书天；之乎者焉，太讨人嫌！

春天不是读书天；书里流连，非呆即癫。

春天！春天！春天！什么天？不是读书天！

这是一首歌，歌名叫《春天不是读书天》。歌词的作者是教育家陶行知先生，曲作者是音乐家赵元任先生。这首歌当然不是要大家不要读书，而是告诉大家，自然，是我们的另一个老师。在大自然里玩耍，是另一种学习的方式。

春分三候

一候，玄鸟至

春分之日，玄鸟至。玄，黑色。玄鸟，黑色的鸟，指的是燕子。燕子春分从南方飞来，秋分而去。

二候，雷乃发声

春分后五日，下雨时天空便要打雷。

三候，始电

再五日，春雨潇潇中，电闪雷鸣。

日 圆圆的太阳

“日”的甲骨文，象形，太阳之形。在坚硬的甲骨之上刻弧线不方便，所以圆圆的太阳就刻成了六角形、五角形或菱形。中间的小点，有的说是表示从水中看到的太阳中部的黑点，有的说是为了表明这不是个中空的圆圈，而是实心之物。

周代，春分有了祭日仪式。坐落在北京朝阳门外的日坛，是明清两代皇帝在春分这一天祭祀大明神（太阳）的地方。

进入青铜时代以后，在金文里，“日”发展成了椭圆形中加一短画。

到了秦代，为了适应当时的“书同文”和把字形统一为竖长方形的需要，小篆把“日”变成竖长方形，字的形体定型了。

“日”的本义是太阳，从本义引申出“白昼”，又可引申为计量时间的单位。

华 一株开满鲜花的树

甲骨文　金 文　小 篆　汉 隶　楷书繁体字　简体字

甲骨文的“华”字，像一株花朵绽放的树。有干，有根，有枝也有花，生机勃勃，满是春的气息。它是“中华”的“华”字，也是“花”的本字。

春分的农历节日中，有花朝节。花朝节阳历的时间是三月，大致在惊蛰后春分前，农历节期各地不尽相同。北京、河南开封在农历二月十二日；浙江、东北地区在农历二月十五日；河南洛阳等地则在二月初二。传说这一天是百花生日。

“华”的金文，和甲骨文比，发生了比较大的变化。它为以后的隶书和楷书的“华”字，提供了基本的形状。“华”字的本义，是“华夏”“开花”，到后来引申出“光采”“文采”“精华”“繁盛”“青春”等意思。

“华”的小篆，加了“草”字头，形状变化很大。

“华”的汉隶有十二画，而应用又多，因此汉魏以后，就把花草的“華”简化为“花”,以“化”表音,以“艹”表意。而“中华”“华夏”以及用于表示“繁盛”“青春”“花开”“文采”等义时,依然用“华”。

汉字在发展的过程中，不断简化。十二画的“華”简化为今天的简体字“华”。

电闪雷鸣

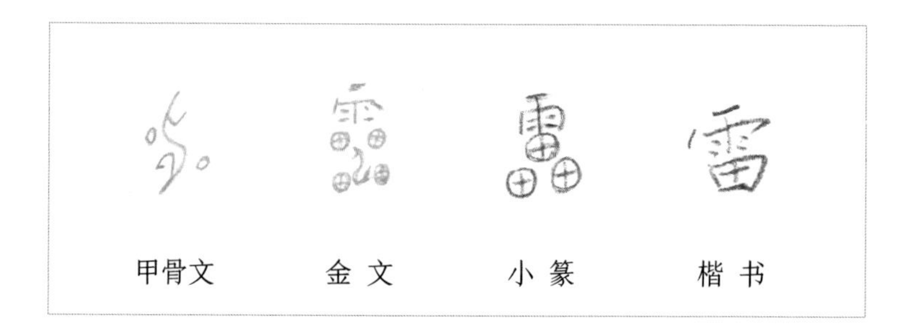

春分第二候，雷乃发声。“雷”的甲骨文，中间弯弯曲曲的部分，表示闪电；左右两个方块，表示轰隆隆的雷声。

“雷”的金文，上面增加了一个“雨”字。倾盆大雨，电闪雷鸣。甲骨文中表示雷声的两个小方块，变成了四个像“田”字的形状。

“雷”的小篆比金文稍稍简略了一些。

“雷”的楷书，省掉了小篆的两个“田”字。雷声的轰鸣与鼓声很像，所以汉代的画像砖上，刻有雷神擂鼓的样子。

电 神速的闪电

春分第三候，始电。下雨时天空便要打雷并伴有闪电。“电”的甲骨文，中间曲曲折折的一笔，像是闪电时神速闪烁的电鞭，两边的笔画像耀眼刺目的闪电线条，三个小点表示雨点。

“电”的金文，上面是“雨”，下面的部分表示闪电。

电由雨生。“电”的小篆，把“电”字的形状基本确定下来。

根据汉字简化的局部删除法，把“电”的楷书繁体字中“雨”字头省去，只剩下面的部分。在中国古代的神话中，雷公和电母分别管理雷与电，并惩恶扬善，替天行道。传说雷公有双翅，脸像猴子，脚如鹰爪，电母容貌端庄，两手执镜。

那么，雷与电到底是怎样产生的呢？

强劲的风刮过来，带动雷雨云内部的水滴、冰晶、冰雹上下运动，从而使雷雨云带电。水滴和冰晶互相摩擦产生的巨大静电，以闪电的形式释放出来。闪电在行进过程中使周围空气受热，导致空气的温度越来越高，甚至比太阳表面的温度还高，于是空气便伴随着震耳欲聋的雷声爆炸了。

清明

清明

春和景明，慎终追远

每年公历四月五日前后，太阳到达黄经十五度是清明节气。中国传统的清明节始于周代，距今已有两千五百年的历史。清明节是纪念祖先的节日，主要的纪念形式是扫墓。清明节最初是为了纪念春秋战国时期晋国的介子推而设立的。在晋公子重耳流亡在外饿晕的情况下，介子推割自己身上的肉奉君；十九年颠沛流离，只为晋国有一个清明的国君；不求封赏，只愿君王“勤政清明复清明”；与母亲一起抱柳死于大火之中，只为保存清正的气节。

晋文公为自己下令烧山以逼介子推出山的举动懊悔不已。为了纪念介子推，晋文公把介子推殒命的这座山改名为介山，在山上建立了祠堂，并把放火烧山这一天定为寒食节，家家禁止生火，只吃寒食。晋文公还把介子推临死抱的柳树做成木屐，穿在脚上，每天呼“足下”来表示对介子推的怀念。据说这就是我们今天尊称别人为“足下”的由来。晋文公励精图治，勤政清明，把晋国治理得很好。安居乐业的晋国百姓，对介子推非常怀念。每逢介子推死的那一天，老百姓都不生火做饭，只吃枣饼、麦糕等冷食。到了清明，人们把柳条圈戴在头上，把柳枝插在房前屋后，以示怀念。寒食节与清明节本是两个不同的节日，因为日子相隔很近，到了唐代，就把寒食与清明合二为一了。

清明时节，气清景明。人们也纷纷来到户外，踏春、插柳、植树、荡秋千、放风筝、春游，享受气清景明的生之欣喜。

女孩是最喜欢荡秋千的。古时候的秋千是用树枝丫做架，再缠上彩带做成。后来才出现了用两根绳索加上踏板的秋千。当秋千飞舞起来的时候，女孩们也从狭小的院落中感受到了生命的自由与飞扬。此时，也适宜放风筝。人们认为放风筝也能把自己的疾病、秽气带向高空，消散在空气中。

清明时节，人们还会相约去蹴鞠。蹴鞠是足球的起源，“鞠”即球，“蹴鞠”就是踢球的游戏。最初用毛纠结成圆形的一团，后来才出现用皮做成的“球”。当球在青草地上滚动，人们汗水挥洒，欢笑流淌。

清明节，既有“清明时节雨纷纷，路上行人欲断魂”的哀伤，也有踏春的喜悦。生命中的两面，在清明节里得到恰当的平衡。

清明三候

一候，桐始华

清明之初，白桐花开放了。

二候，田鼠化为鴽

鴽（rú），鹌鹑之类的鸟。清明后五日，喜阴的田鼠不见了，回到洞中。

三候，虹始见

雨后的天空可以见到彩虹了。彩虹是光和水滴制造的魔术。虹总在新雨后出现，因为新雨后的天空最为洁净。高楼上的避雷设施，虽避免了雷击灾害，但也减少了雷电激荡，减少了雷电对天空的净化，所以我们已经越来越难以见到彩虹了。

明 日月相依，交放光辉

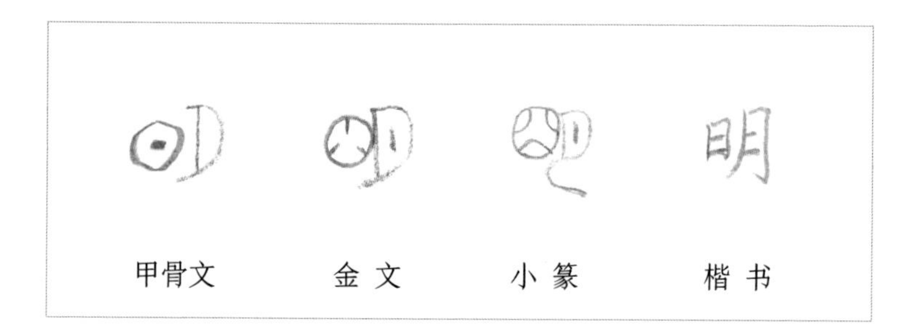

我们的祖先认为，在天上没有任何东西比太阳和月亮更明亮，所以在甲骨文中，左“日”右“月”组成了“明”字。日月相依，交放光辉。

“明”的金文，左边是窗格子的形状，右边的“月”字里多了一点，表示月中的桂树、嫦娥等。金文用月亮照在窗户上来表示光明的意思。古人相信神灵会光临窗明之处，于是在窗前祭祀神灵，因此也将神灵称作“神明”。

月在窗外，月亮照窗，一片光明。

到楷书阶段，又还原到了甲骨文的会意方式，用“日”和“月”组成了“明”。

瓜 大瓜结在蔓上

清明一到，气温升高，正是春耕春种的好时节。这个字，就是“清明前后，种瓜点豆”的“瓜”字。

瓜在中国已经存在很久了。在石器时代的村落河姆渡的遗址，人们发现了冬瓜的种子，还发现很多陶器也呈明显的冬瓜形状。

在乡村，人们喜欢在房前屋后种瓜。绿叶给炎炎夏日带来凉爽，瓜可以食用。

大家看金文的“瓜”，中间的大瓜像结在蔓上，又像挂在叶子上。

小篆的“瓜”变小了，但仍有瓜形。向右下方伸展的一笔，好像是瓜须。

楷书与金文、小篆一脉相承，但已经看不出瓜的样子了。

谷雨

谷雨

杨花落尽子规啼

谷雨，雨生百谷，雨水滋润着农作物的生长。每年四月二十日或二十一日，太阳到达黄经三十度时为谷雨。谷雨是春天的最后一个节气。每年到了这个时候，雨水明显增多。雨水多，春水满池塘。“风乍起，吹皱一池春水。”当风突然在水面上吹起一片涟漪的时候，诗人的心也动了。此时桃花正在开放，所以有人称这时的雨为“桃花雨”。

传说仓颉造字，上天欢喜地降下谷子祝贺文字的诞生，鬼因为再不能愚弄人们而在黑夜中哭泣。因此人们便把这一天叫作谷雨，并在每年的这一天祭祀中国文字的创造者仓颉。

“春雨贵如油。”雨水滋润着田地，让田里的秧苗快快生长。而以捕鱼为生的渔民，也特别希望谷雨这天下雨，据说如果这天下雨，当年的鱼肯定丰收。这一天，渔民常常会举行隆重的仪式，祈求出渔平安，鱼虾满仓。

谷雨时节采制的春茶，叫谷雨茶，又叫二春茶。谷雨这天上午采的鲜茶叶做的干茶，才算得上真正的谷雨茶。茶树经过冬季的休养生息，在湿度适中、雨水充足的谷雨时节生长出的茶叶，色嫩绿，叶柔软，香气怡人。谷雨茶除了嫩芽外，还有一芽一嫩叶的或一芽两嫩叶的。一芽一嫩叶的茶叶泡在水里像展开旌旗的古代的枪，被称为“旗枪”；一芽两嫩叶的茶是三春茶，像雀鸟的舌头，被称为“雀舌”。有些地方甚至将谷雨茶赋予“神力”，传说它能让人复活。

喝茶在我们中国人的生活中不仅仅只是喝茶，我们在喝茶当中，还学习到“止”和“奉”。

“知止而后有定，定而后能静，静而后能安，安而后能虑，虑而后能得。”这段话说的是，知道了应该达到的境界，而后志向才能坚定；志向坚定了，内心才能宁静；内心宁静了，性情才能安稳；性情安稳了，行事思虑才能周详；行事思虑周详了，才能达到最好的理想境界。从喝茶这件日常的事情里，我们中国人在学习定、静、安、虑这些人生的功课。

我们还从喝茶当中学习到“奉”，“奉”就是没有等待心，只守住当下，守住现在的这一刻。茶是我们中国人的生活里，不可或缺的部分。如果你足够细心，就会发现，很多节气里都提到了茶。

不仅有谷雨茶，还有谷雨花。“谷雨三朝看牡丹”，所以在谷雨时节开花的牡丹花又称“谷雨花”。

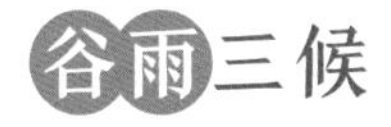

一候，萍始生

谷雨后雨水明显增多，浮萍开始生长。

二候，鸣鸠拂其羽

鸠，布谷鸟。布谷鸟鸣叫，催促着“家家种谷”，不要错过播种的好时节。“杨花落尽子规啼”，布谷声声，也预示着春将结束。

三候，戴胜降于桑

戴胜，又称鸡冠鸟，头顶长有凤冠状羽冠。这个时候，可以在桑树上见到戴胜鸟了。

谷粒淌泻而下

甲骨文

这四个小点，像不像堆得满满的往下淌泻的谷米呢？

中间这个造字的符号，能够表示很多种意思，可以表示“嘴巴”、“洞”，也可以表示“底座”“祭坛”等，灵活多变。

当我们把这两个部分合起来的时候，就成了今天的“谷”字，也就是繁体字“穀”的本字。你看，谷粒淌泻而下，下面是堆放谷物的器皿，比如说谷箩啊， 谷仓啊。后来，“谷”与“穀”分开了，“谷”指两山之间的夹道，也就是山谷，“穀”则专指粮食。再后来，汉字简化的时候，这两个字又合体了，复杂的“穀”被简化成了“谷”。

夏

立夏

立夏

花褪残红青杏小

立夏表示即将告别春天，进入炎炎夏季。温度明显升高，雷雨增多，农作物也将进入旺盛的生长时期。

公历每年的五月五日或六日，太阳到达黄经四十五度为“立夏”节气。立夏与立春、立秋、立冬合称“四立”，是标志季节开始的节气。

周朝的时候，立夏之初，皇帝和文武百官要到郊外去迎接夏天的到来。他们会穿赤色衣，佩赤色玉，坐赤色马拉的赤色车，马车上飘扬着的，也是赤色的旗。浩荡的赤色人马，去迎接夏天的到来。

在这本书的阅读里，你会发现，我们的祖先在迎接不同季节的到来时，穿的衣服的颜色是不一样的。颜色其实也会说话，对衣服颜色的选择，表达了我们祖先对于不同季节的感受。

夏天到，可以“浮甘瓜于清泉，沉朱李于寒水”。这是曹丕《与吴质书》中的一句诗。古时候没有冰箱，古人就在炎热的夏天里把水果浸在清凉的水里。曹丕回忆了他和朋友们过去的一段生活。他写道："白日既匿，继以朗月。同乘并载，以游后园。舆轮徐动，参从无声。清风夜起，悲笳微吟。乐往哀来，怆然伤怀。"白天的饮宴很快就过去了，太阳沉下去，月亮升起来，我们几个人一起坐车到后花园去游览，当车轮慢慢转动的时候，随从的侍卫都小心翼翼，不弄出一点声音来，就这样静静地在花园里走。一阵风吹来，传来远处低低的吹笳声。这个时候，我的内心之中忽然产生了一种说不出来的哀伤。

立夏有许多有趣的习俗。古时候，立夏日有"秤人"的习俗。村里挂起一杆大木秤，秤钩上悬一条凳子，村民轮流坐到凳子上去。司秤人会一面打秤花，一面说着吉祥话。如果是小孩，司秤人就会说："秤花一打二十三，小官人长大会出山。"意思是说这个孩子长大后会很有出息。如果是老人，司秤人则会说："秤花一打八十七，老人家活到九十一。"祝福老人健康长寿。

到了立秋，还会再来秤人。看看经过一个酷暑的煎熬，瘦了多少。

民间也有"立夏见三鲜"的尝新习俗。三鲜有"地三鲜""树三鲜"和"水三鲜"之分，只是不同地区有不同的三鲜品种。"地三鲜"常指苋菜、蚕豆与蒜薹，"树三鲜"指樱桃、枇杷和杏子。"水三鲜"主要有鲥鱼、海蛳、河豚、鲳鱼、黄鱼、银鱼等，在不同地区有不同说法，但鱼始终是水三鲜的主打品种。

南京人会在立夏这一天吃豌豆糕。豌豆糕清凉去火，爽口绵甜，是夏季的清暑佳品。人们认为在立夏这天吃豌豆糕，可以使自己在闷热的夏天仍然精神百倍。人们还会吃新生的竹笋。笋是竹的嫩芽，而“竹”与“足”音相似。在天气晴暖并渐渐炎热的立夏，人们相信吃竹笋可以健足，这样夏天就不会有四肢无力的感觉了。

在立夏这一天，很多地方有吃煮鸡蛋的习俗。浙江定海人在立夏这天会煮鸡蛋或鸭蛋吃，希望能像蛋一样肥白健康。关于这个习俗，民间流传着这样的传说：人们曾向女娲娘娘求助，问怎样才能让立夏之后食欲减退的孩子强壮起来，女娲娘娘就让人们在孩子胸前挂上煮熟的鸡蛋、鸭蛋或大大的鹅蛋，来驱灾除病，保佑孩子吃得香，睡得好，精力充沛。

人们还会用各种颜色的线编成蛋套，把煮好的“立夏蛋”放入蛋套当中，挂在孩子胸前。孩子们还可以用煮熟的蛋来做斗蛋的游戏，蛋头撞蛋头，蛋尾撞蛋尾，蛋壳未碎者获胜。

编织蛋套对现在的孩子来说，是一项不小的挑战。他们对于这样的手工编织，充满热情与兴趣。但是，因为平时做手工的经验太少，在把十根彩绳绑起来打成一个大结的时候，他们就已经十分费力了。将相邻的两根绳子打结时，更是状况百出。第一层还勉勉强强能完成，但到了第二层的两两打结时，孩子们就有些混乱了。将相邻的两根绳子打结，要有耐心，不能太着急。一着急就容易出错，一出错就是连环错，到时候网套就很难织成了。相邻的绳子打的是死结，拆掉重来很费事。编织的时候细心一点，可以省掉后面的很多麻烦。两两打结时，尽量密一些，如果网眼太大，鸡蛋就会从网兜里掉出来。

对于斗蛋，孩子们则兴趣高昂。发自内心的欢乐，哈哈大笑的得意，每每都会弥漫开来。

和节气相关的活动，让神话、习俗鲜活地呈现在了孩子们活泼的体验当中。不管是编织成功的还是乱成一团的，每个人都收获了属于自己的体验和记忆。

立夏三候

一候，蝼蝈鸣

立夏之日，蝼蝈开始在田间鸣叫。东汉的郑玄认为，“蝼蝈”为蛙类。立夏时鸣叫的蛙，体形较小，颜色褐黑，喜欢聚集在浅水中鸣叫。立夏时节，雷雨增多，飞虫们在湿润凉爽的环境中飞速繁殖。它们成了蛙类的口中食。饱餐后的蛙，常常“呱呱”叫个不停，表达自己的快乐与满足。

二候，蚯蚓生

立夏后五日，蚯蚓出来推土。下雨时雨水渗入泥土中，土中的空气被挤了出来，呼吸困难的蚯蚓便纷纷爬到地面上来透气了。所以，在雨后，我们常常能见到蚯蚓。

三候，王瓜生

再五日，王瓜的藤蔓开始快速攀爬生长。王瓜并非黄瓜，因鸦喜欢食用又称“老鸦瓜”。王瓜的块根呈纺锤形，肥大；攀援而上的茎细弱；八至十一月结果，果红色，卵圆形。

夏 威武雄壮的中国人

古书上说:“夏，中国主人也。”“夏”最初的意思是“人”。甲骨文的“夏”，是一个人的侧面，有头，有发，有眼，躯干、手、足俱全。“夏”双手伸开，威武雄壮。

金文的“夏”虽然复杂，但仍然可以看出“人”的样子。上面是“头”，中间是“躯干”，两边是“手”，下面是“足”。

小篆的“夏”，“头”“手”“足”仍然清晰可见，但是躯干部分没有了。

楷书的“夏”,“手”的部分被简省掉了,渐渐演化成了现在“夏”字的字形。

“夏”作为季节的名字被使用，初见于春秋时期的金文。

中国古称“华夏”，我国第一个朝代叫“夏”朝，我国古代的历法叫“夏历”，古时候高大的宫殿建筑也叫“夏”。屈原曾写下“曾不知夏之为丘兮”的诗句，大意是：“怎么会料到郢都的大厦，竟变成了废墟。”这里的“夏”，就是“厦”的意思。

小满

小满

麦到小满日夜黄

每年公历的五月二十一日前后，太阳到达黄经六十度时，为小满。“小满小满，麦粒渐满”。此时，大麦、冬小麦等夏熟作物，谷物的浆液刚刚充满，籽粒变得饱满，但尚未成熟，所以叫小满。小满是一个充满期待的节气，麦类正由青转黄，收获在即。

小满的“满”既指北方麦粒的饱满，又关系着南方雨水的丰盈。“小满小满，江河湖满。”从气候来看，小满节气，降水进一步增多。小满正是适宜水稻栽插的季节。南方有农谚：“小满不满，干断田坎。小满不满，芒种不管。”如果小满时田里蓄不满水，田坎就会干裂，甚至芒种时也无法栽种水稻。

小满，是收获的前奏，炎热夏季的开始，青黄不接的时节。

“小满动三车。”“三车”指的是丝车、油车和水车。

在农耕社会中，男人耕地种田，女人织布纺衣。北方以棉花为主来织布，南方则以蚕丝为主。古人把蚕看作“天物”。为了祈求养蚕能有个好收成，人们会在四月举行祈蚕节。小满相传为蚕神诞辰，养蚕人家会到“蚕娘庙”“蚕神庙”去给“蚕娘”“蚕神”供上酒果和菜肴，祈求胖嘟嘟的、需要精心喂养的蚕宝宝能长大成熟，结茧成蛹。小满前后，蚕开始结茧，养蚕人家忙着摇动丝车缫丝，昼夜不歇。

此时，油菜成熟，用镰刀将油菜收割下来，晾干，脱粒变成菜籽，再把菜籽晒干。晒干后的菜籽再去舂打，便可榨出清香四溢的菜籽油。

水车也在小满的时候启动。对于那时候的农民来说，用水车车水，把河里的水引入田里灌溉，是一件大事。有了水的灌溉，庄稼才会茁壮生长。小满时，农村会举行“抢水”的仪式。族长会和各户约好，确定日期，做好准备，到那一天的黎明时，一起出动，点燃火把，在水车基上吃麦糕、麦饼、麦团。之后，族长敲响鼓锣，众人击器相应和，踏上小河岸上事先装好的水车。数十辆水车一齐踏动，把河水引入田中，到河水干了才停下来。祭车神也是农村的习俗。农家在车水之前，会在车基处摆上香烛、鱼肉等祭拜，并把祭品中的一杯白水，泼入田中，祈愿水源不断，雨顺风调。

“采苦采苦，首阳之下。”采苦菜呀采苦菜，在那首阳山脚下。这是《诗经·采苓》中的诗句。苦菜是中国人最早食用的野菜之一。在小满这天，民间有吃苦菜的习俗，关于这个，还有个传说：伯夷、叔齐是商末孤竹君的两个儿子，武王灭商后，他们耻食周粟，采薇（苦菜）而食，饿死于首阳山。

伯夷、叔齐是商末孤竹君的长子和三子。接照宗法传统，中国的王位是应传给长子的，伯夷是长子，本应继承王位，可他得知父亲喜欢自己的小弟弟叔齐时，就想成全父亲的心愿，尽孝顺之心，所以就逃走了。他以为自己离开了孤竹国，父亲就可以把王位传给叔齐了。可是叔齐也想，我不能做一个不义的人，如果我做了国王，我就不守礼法了，于是叔齐也逃走了。幸亏他们中间还有一个老二，孤竹君后来就把王位传给老二了。武王伐纣时，伯夷、叔齐“叩马而谏”，跪在马前劝武王说，你不可以用臣子的身份去攻打天子。武王虽然没有接受他们的劝告，可也没有惩罚他们。后来武王伐纣成功了，但伯夷、叔齐仍然认为武王的天下是以不忠不义的非法手段获得的，所以“耻食周粟”。“粟”就是粮食，这里指周朝的俸禄。由于“耻食周粟”，他们无以为生，最后宁可用自己的生命来保全自己的理想和操守，双双饿死在首阳山上。

小满三候

一候，苦菜秀

小满之日，苦菜秀。苦菜是多年生菊科，春夏开花，花是白色或淡黄色。苦菜不挑地方，田边、山间，处处都有。小满时节，储备的粮食已经吃完。荒滩野地上破土而出的苦菜，解决了粮食短缺的问题。古时候，青黄不接之时，人们会去挖苦菜来充饥。现在的人吃苦菜，则是为了清热解毒。已经有这样的现代歌谣："甜苦菜，麻苦菜，孙子铲来爷爷卖，卖给城里的老奶奶。老奶奶，笑呆呆，说它好吃是好菜。"

二候，靡草死

小满时节，天气渐渐炎热。喜阴的一些枝叶细软的草类，在强烈的阳光下开始枯萎死亡。

三候，麦秋至

“麦秋”的“秋”不是指秋天，而是指麦子由青转黄，开始成熟。我们把各种谷物刚刚生长的时候，称为“春”；成熟的时候，就称为“秋”。麦子是在夏天的第一个月，也就是农历四月的时候成熟。因此，农历四月被称为麦月。相传后稷是周朝始祖，教民耕种。他得嘉禾而兴国。“嘉禾”，指的就是大麦和小麦。四月又称梅月。麦子快成熟的时候，江东的梅雨季节也就到了，梅子黄熟，阴雨时间较长。四月还叫余月。这里的“余”,是舒展的意思。树木在四月生枝长叶，舒展繁茂。

车 轮子转呀转

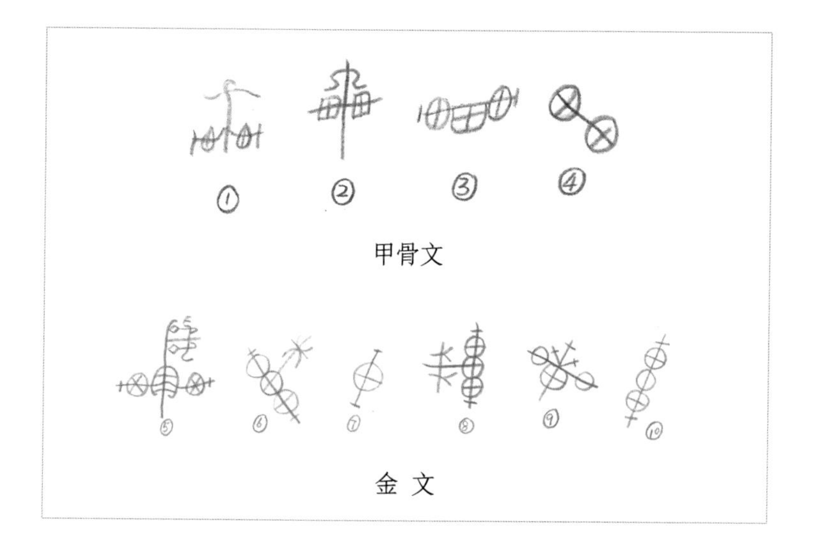

小满动三车：丝车、油车、水车。这三车，用的是由“车”引申而来的意思，泛指用轮子转动的工具。“车”，本来的意思是，陆地上用轮子转动的交通工具，“车”在上古专指“战车”。中国古代战争为车战，车由两匹马牵引。“车错毂（gǔ）兮短兵接”，屈原在《九歌·国殇》里，写出了战士披甲执刃，战车交错厮杀的惨酷激烈。黄帝的名字叫“轩辕”，从“车”旁。传说“车”在黄帝时代便已制造出来。黄帝的时候，有管理御车的官，叫“车服”。夏禹时专管车的官，则叫“车正”。殷周时代的一些墓葬当中,发现了专门的车马坑。在“秦始皇陵兵俑从葬坑”的步、弩、车、骑四个兵种的方阵里,可以看到,车的制造在古时候已经很发达了。造车必须要用上几何等比较复杂的知识,这说明早在公元前二十一世纪之前,我们中国便已经有勾股定理和计算方圆曲直的数学了。

这四个甲骨文的“车”字,形态各异,共同点是都有轮子。四个“车”字,寥寥几笔,却极其准确、巧妙地表现出了古车的形象,让人叹服。

甲骨文①中间的长长竖线是车辕,车辕的上端是“衡”,是驾马的地方。两个圆形是车轮,两轮之间,还有“轴”条。轴条靠轮子的外边还有“辖”。“辖”是管着车轮,不让它脱出轴外的插销。轮子里面简化的线条,代表的是“辐”,轮心向四边放射的撑条。

金文的“车”,形体基本与甲骨文相同。⑦⑧⑩,车形开始简化了。你能从这些文字中,找到最能突出“车”的特点的“舆”(车箱)、“轴”、“辖”和车轮吗?

周朝晚期的籀文就是大篆,大篆是笔画比小篆复杂的篆书,是周朝的字体。秦朝创制小篆以后,就把它叫作大篆了。

上古的战车,由“二车二戈”组成。左边两辆兵车相接,右边是两“戈”。“戈”是进入青铜时代最早出现的兵器,横刃,装有长长的柄,后来也有用“铁”做成的“戈”。

小篆比大篆简化,仅仅保留了一个车轮。

楷书的“车”，由小篆直接变化而来。

“车”的本来意思，是陆地上用轮子来转动的交通工具。后来，凡是用轮子来转动的工具都叫“车”，比如说丝车、纺车。凡是用轮子来转动的机器也叫“车”，比如说火车。

麦 瑞麦从天降

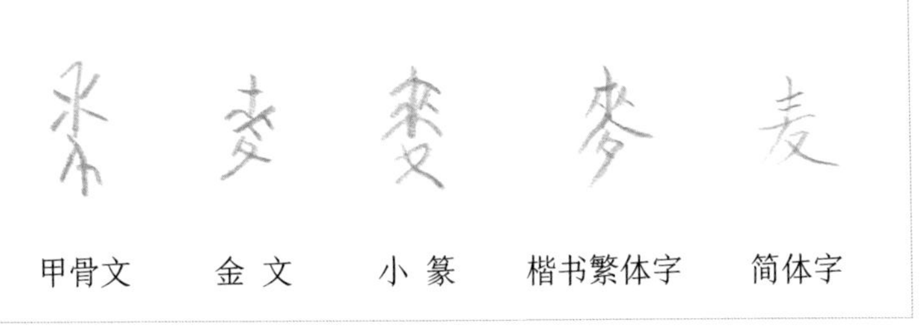

甲骨文的“麦”，上面是一棵小麦的样子。中间一竖像麦秆，麦秆顶部是勾头下坠的麦穗，杆上两边是麦叶，下面向左右两边伸出的斜线，是露出地面的气根。麦下是一只脚趾朝向读者的“足”，表示走来的意思。“瑞麦从天降。”“从天降”，从天上向人间走来。我们的祖先认为，麦子是上天赐给人们的粮食作物。

“麦”的金文，上面仍然为“麦”形，下面也是一只脚。

小篆变化也不大，只是线条更为柔和。

芒
种

芒种

四野皆插秧，处处菱歌长

每年公历六月五日或六日，太阳到达黄经七十五度时为芒种节气，“芒”，是指大麦、小麦等有芒植物的收获；“种”，是指晚谷、黍、稷等作物的播种。收获、播种，再加上管理春天播种下的作物，人们进入了大忙的季节。

春争日，夏争时，此时，既要对成熟的麦类进行收割，也要进行谷黍类的播种，劳动力显得尤为重要。“麦黄农忙，绣女出房。”农忙时节，有时连妇女也要下地干活。夏天多雨，收割后的麦子如果遇到雨，就会发霉、发芽而无法食用。农民收割完大麦、小麦，又要忙着种玉米、大豆等夏播作物了。

芒种时节，百花开始凋零。人们认为，夏日来临，花神退位，因此人们会在芒种日摆设多种礼物为花神送行，也表达对花神曾给人间带来缤纷的感激，盼望着来年再与花神相会。

“黄梅时节家家雨，青草池塘处处蛙。”下雨的日子多，雨大，温度高，是梅雨天的特点。梅雨是冷空气与暖空气对峙而形成的，对庄稼的生长很有好处。梅雨如果太少或者来得迟，水稻、棉花等生长正盛的作物，就会受旱。持续的阴雨天正赶上江南梅子的成熟期，所以称为“梅雨”。梅雨季空气湿度大，温度高，衣物容易发霉，因此“梅雨”又作“霉雨”。

每年的五、六月是梅子成熟的季节，传说从夏朝起就有煮青梅的习俗。青梅的鲜果酸涩，需要加工以后才好吃。可以用糖和梅子一起煮，如果用盐和梅子一起煮，还可以加一些紫苏。泡青梅酒的时候，把梅子采摘了放一些冰糖，泡一个月后就可以食用了。

芒种之后，炎热闷湿的夏天即将来临。古时候的人会把绷紧的弓解开，让弦松弛，免得弓弩被霉蚀坏。为了避免虫子把油衣蛀坏，或者怕霉坏，人们会把油衣用竹竿晾开。

端午节是芒种节气期间的农历节日，端午节，又称端午、端阳、解粽节、五月节、龙船节。

关于端午，有许多传说。

一种说法是，端午是古代有龙图腾崇拜的民族的祭祖活动日，他们生活在水乡，自称是龙的子孙，渴望像龙一样在水中畅游翻滚，悠游自在。端午节就是他们创立的用于祭祀祖先的节日。

一种说法是，端午节是纪念屈原的日子。屈原出生在战国时期的楚国，他与楚国的国君出于同一个家族，有着血缘关系。战国末期，秦国已非常强，准备一个一个来吞并六国。楚国处于被吞并的险境中，而朝廷中又分成了政治主张不同的两派：一派主张亲秦，一派主张联合齐国来抗秦。屈原是主张联齐抗秦的，而且他很有才华，曾经得到楚怀王的重用。由此一些人就忌妒屈原，在楚怀王面前说屈原的坏话。楚怀王慢慢相信了这些人的话，疏远了屈原。亲秦派的势力越来越大，后来，楚怀王入秦，被秦国扣留，并死在了秦国。楚怀王的儿子顷襄王继承王位后，也相信那些人对屈原的谗毁，又一次放逐了屈原。此时秦国日益强大，楚国的灭亡也只是早晚的事情了。屈原眼看着国家就要灭亡，但却无能为力，就怀抱石头自投于汨罗江而死。

屈原投江后，楚国的百姓从四面八方赶到汨罗江边，打捞屈原的尸体。人们把饭团等食物丢进江里，让鱼、虾、蟹吃饱，希望它们不要去咬屈大夫的身体。人们还把雄黄酒倒进江中，说是要醉倒蛟龙与水兽，不让它们伤害屈大夫。从此，每年五月初五这一天，人们用粽子祭祀屈原的灵魂，用赛龙舟驱赶恶魔。

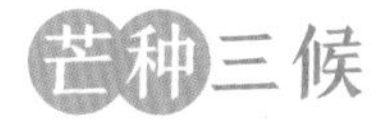

芒种三候

一候，螳螂生

螳螂在前一年的深秋，把卵产在林间。一壳百子，此时小螳螂破壳而出。螳螂是斗士，从不惧怕对手，哪怕是比自己大得多的对手。每当遇到对手时，螳螂常常会展开宽大的翅膀，把两脚高高举在胸前，并将腹部的翅膀互相摩擦，用这种姿势来震慑对方。

二候，䴗始鸣

䴗（jú），伯劳鸟。感受到阴气的伯劳鸟开始在枝头鸣叫。伯劳鸟的鸣声尖锐，仿佛在倾诉离别春天的愁与苦。

三候，反舌无声

“反舌”即百舌鸟，能够学习其他鸟的鸣叫。反舌鸟因为感受到阴气的出现，而停止了鸣叫。

龙 万物之首

端午节是芒种期间的农历节日。关于端午节，有很多传说。有人认为，端午是古代有龙图腾崇拜的民族的祭祖活动日。

“龙”是万物生灵之首，是我们的祖先想象出来的一种神奇动物。它“能幽（隐）能明（现），能细能巨，能短能长，春分而登天，秋分而潜渊”。它住在大海深处的水晶宫里，能兴风作雨，倒海翻江，具有不可思议的力量。古代把“龙”作为皇帝的象征。传说中华民族的始祖黄帝就是龙的化身，古代的皇帝都自诩为真龙天子。

甲骨文的“龙”，上为头，下为尾，左为腹，右为背。它盘曲着，头、眼、鼻、身、鳞、脊棘、尾巴，无一不备。

“龙”的金文，上面是龙角，变为“辛”字的上部。龙头向左张开，露出两颗锋利的牙。龙身变为连着龙头的一条弯弯曲曲的线。

“龙”的小篆由金文演变而来，但把龙头和龙身变成了左右两个部分。龙背上有三条脊棘（“三”在古代常表示多数）。

楷书的写法，基本与小篆相同。

到了今天的简化汉字，字的笔画已从楷书的十六画简化为五画了。

夏至

夏至

绿树阴浓夏日长

小的时候，我和我的小伙伴们最喜欢玩“踩影子”的游戏，一个人追着一群人跑，为的是踩到别人的影子。被踩到影子的人，就要充当下一个追逐者，大家四散逃开，躲避着追逐者，不让他踩到自己的影子。

不仅是人有影子，房屋啦，大树啦，一切物体在阳光、月光或灯光的照耀下，都会有影子。很久很久以前，我们的祖先就观察到，房屋、树木在太阳的照射下，会投出影子。他们还发现，这些影子的变化，是有一定规律的。后来，人们为了更好地进行观察，就在平整的地上，直直地立下一根竿子或者石柱，来观察影子的变化。他们给这根立竿或立柱取了个名字，叫“表”。人们用一把尺子来测量“表”影的长度和方向，就可以知道时间了，古时候叫“时辰”。

在一天又一天的测量当中，人们有了新的发现：正午时，“表”

的影子总是投向正北方。于是,人们就用石板制成尺子,平铺到地面上,与表垂直。石尺的一头连着笔直竖立的“表”的基部,另一头,则伸向正北方。人们给平铺在地上的石尺起了个名字,叫“圭”。正午的时候,“表”的影子投在“圭”上,人们就能够根据“圭”上的刻度,直接读出表影的长度值了。

再后来,又经过了很久的观测,我们的祖先不仅知道了一天当中,表影在正午最短,而且发现了一年当中,夏至日的正午,表影最短,冬至日的正午,表影最长。人们就以正午时的表影长度来确定节气和一年的长度。譬如说,两次表影的最长值之间相隔的天数,就是一年时间的长度。我们的祖先,因为“圭”和“表”,以及对于表影的细致观测,很早就知道了这次影子最长的一天,到下次影子最长的一天就是一年,而且很早就知道了一年约等于三百六十五天的数值。

夏至是一年中日影最短的一天。公历每年的六月二十一日或二十二日,太阳运行至黄经九十度,是夏至日。夏至这一天,太阳直射地面的位置到达一年的最北端,几乎直射北回归线,北半球的白昼达到最长,且越往北越长。

夏至是古代的节日。宋代从夏至之日始,百官放假三天,直到清代,夏至日仍放假一天。

我们的祖先在漫长的耕种过程中,对土地有着特殊的情感。祭祀地祇神的大典,每年夏至都会举行。

夏至对应的是姤（gòu）卦。一年十二个月，对应了十二个“卦”。“卦”反映了一年里阴阳二气的消长。在卦象中，直线贯底代表阳，与热相连；直线中断代表阴，与寒冷相连。姤卦，一爻为阴，以上五爻为阳，表示夏至以后阳气已到极盛。

我们喜欢说“物极必反”，阳气盛极而衰，这时，阴气开始产生了。一年四季的更替，就是阴阳二气运行的结果。所以，选在这一天，祭祀属于阴性的地祇神。

夏至有吃面的习俗。面是用小麦做的，它性凉，在阳气最旺的夏至吃，有助于我们的身体去除火气。夏至过后就到了三伏天，这是一年中最为炎热的时候，很容易中暑、生病。人们会喝绿豆汤，吃西瓜、苦瓜，来清热消暑，让身体清凉。

但是，我们在降温的同时，也要注意保护阳气。如果在出汗过多的时候马上用冷水去冲洗或者喝太多的冷饮，吃太多的冰棒，把空调调到太低的温度，我们身体就会出现肠胃不舒服等状况。

一切不走极端，在夏至依然如此。

夏至三候

一候，鹿角解

麋与鹿属同科，但古人认为，二者一属阴，一属阳。麋的角朝后，属阴；鹿的角向前，属阳。夏至阴气生而阳气始衰，所以阳性的鹿角便开始脱落。冬至阳气生而阴气始衰，所以阴性的麋角在冬至日才脱落。

二候，蜩始鸣

蜩是夏蝉，黑而大，俗称“知了”。雄性的知了在夏至后便鼓翼而鸣。蝉的幼虫生活在土中，一般会在土中待上几年甚至十几年，譬如说三年、五年，还有待十七年的。蝉从泥土中出来，从幼虫成长起来，但它只能活一个夏天。在酷热里大声歌唱的蝉，等到秋风吹来的时候，它的生命就完结了。

三候，半夏生

在炎热的仲夏，一些喜阴的生物开始出现，阳性的生物开始衰退。夏至第三候，半夏生。这意味着夏天过半了，后半夏太阳将炙烤大地。半夏是一种喜阴的药草，因在仲夏的沼泽地、小溪边或水田中生长而得名。半夏的地下块茎是一种常用的中药材，能化痰止咳，治疗咽喉肿痛。

太阳升到了旗杆顶上

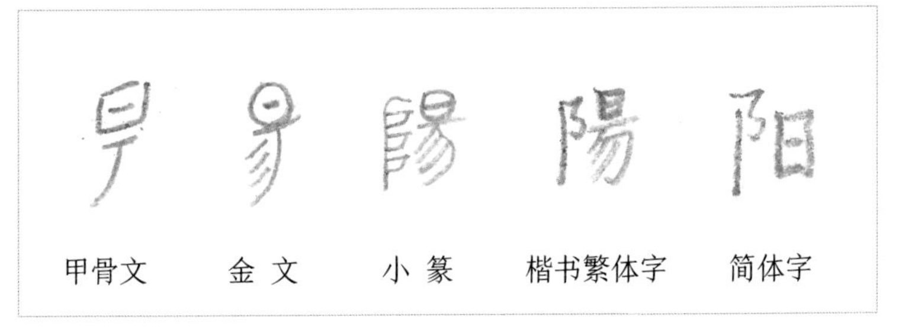

夏至，阳气已到极盛。

上面这个有点像今天的“早”字的甲骨文，是古时候的“阳”字。

“阳”字最开始表示的意思是，圆圆的太阳已经升到了旗杆顶上。在硬硬的甲骨上刻文字，是很费力的一件事。刻直线已经很不容易了，刻圆弧形的线条自然更难，所以，我们在甲骨文上，看到直线居多。

在甲骨文的“阳”字里，圆圆的太阳已经变得方头方脑了。下面的部分，表示旗杆的顶上。旗杆圆形的顶砣，简化成了一条直线。稍微弯曲的竖线，代表的是旗杆。

“阳”的金文，最上面是圆日高照，下面是旗杆顶上的部分。旗杆旁边三道弯弯的线条，是旗杆上的飘带，正迎着风飘荡。

小篆的“阳”，左边的部分，就是我们现在的“阝”，有人认为，它代表的是神灵上天下地专用的天梯。“阳”，表示日在高处或向阳的地方。

小暑

小暑

荷花映日，蝉鸣阵阵

每年公历的七月七日或八日，太阳到达黄经一百零五度时为小暑。夏的威力开始散发出来。人们像是处在天地之间的大蒸笼中，闷热无比。蝉的声音，整日都不停歇了，这边的蝉声刚落，那边又起来了。即使是在热热的暑天里，人们也会想办法寻找快乐。

像火一样的太阳，炙烤着大地。这个时候，正适合把家里的东西拿出来晒一晒，用阳光驱走隐藏的虫蚁。“六月天晒龙衣，龙衣晒不干，连阴带晴四十五天。”农历六月初六，是天贶（kuàng）节。贶，是赐赠的意思。传说宋真宗赵恒在某一年的六月初六，得到了上天赐给他的天书，就把这一天定为天贶节。还传说这一天，从西天取经回来的唐僧，不小心把所有的经书掉落在大海中，经过千辛万苦把经书捞起来晒干，才把经书保存下来。因此，佛寺会在天贶节这一天，曝晒经书，让书页浸透阳光，防潮防虫。

人们会把衣服、被子、鞋，还有家里的一些器具，拿到大太阳下晒一晒。在乡村，竹竿上晒满了被子和衣物，衣被下面成了孩子们捉迷藏的好去处。几个小时后，又要把被子和衣物翻转过来再晒。傍晚的时候，把晒的东西收好。闻一闻，被子和衣服里，都藏着太阳的味道呢。

小暑中另一件快乐的事，就是吃美味的食物。小暑节气，三伏也到来了。烈日炎炎，人们常常觉得疲倦无力，不想吃东西。伏天的一些习俗，便是给人的身体增加能量。“头伏饺子，二伏面，三伏烙饼摊鸡蛋。”长沙人会在伏天吃老姜炒鸡，徐州人入伏吃羊肉，有些地方尝新米，有些地方吃鲜藕，总之，开胃解馋，安度苦夏。

小暑中快乐的事，还有傍晚的时候看天边的晚霞，看太阳落入山的怀抱时，在天空画下的绚丽图画。天黑了，可以仰头观星星，看看你认识哪些星座。当然,虫儿们也会奏起美好的音乐。听听虫鸣，数数星星，小暑的夜晚，真的很美妙。

小暑三候

一候，温风至

“温风”，就是热风。小暑时节，大地上便很难再有凉风了。

二候，蟋蟀居壁

蟋蟀生出但还在穴中面壁，不能出穴飞。《诗经·七月》中这样写蟋蟀：“七月在野，八月在宇，九月在户，十月蟋蟀入我床下。”农历七月，蟋蟀出穴，在草丛间活跃。到八月天气转凉，蟋蟀会聚到小院中，奏响乐曲。到了农历九月，天越来越冷，蟋蟀如果不入户就会被冻死。十月，蟋蟀就在床下鸣叫了。

三候，鹰始鸷

因为气温太高，老鹰飞入清凉的高空活动。

煮 用锅来煮碎肉

小暑大暑，上蒸下煮，“蒸”和“煮”，让我们仿佛变成了笼屉上蒸的包子，或者锅中煮的食物。像“蒸”和“煮”一样热，就是暑天的感觉啊！

“煮”的第一个甲骨文很复杂，但把它细细拆开来看，特别有趣。左上角，分为两个部分。第一个部分像用刀把兽骨上的碎肉切割下来，第二个部分像刀切下来的一块肉。右上角是人的样子。中间像古代烹煮食物用的三足鼎锅。最下面像火燃烧起来的样子，我们仿佛能听到锅里“咕嘟咕嘟”煮肉的声音，闻到肉的香气。它的意思是，人手持兽骨，把肉切碎，放到三足鼎锅里，用火烹煮。这个字就是“煮”字。当发展到第二个字形的时候，锅下的“火”没有了，切肉投入锅中的“人”消失了，“肉”也省掉了，三足鼎锅简化成为好像“釜”的“口”

形，只剩下“刀和兽骨碎肉”的部分了。这个简省后的部分，其实已经成了“者”字，只是它的古音仍读 zhǔ。

“煮”的小篆，锅下点火，表示用锅煮食物。

伏 左人右犬

小暑节气，“三伏”也到了。

金文的“伏”字左边为人，右边是狗。曾经被狗追过的人，看到这个字，心慌慌的感觉就会浮上心头。我们仿佛看到这个面朝左的人，满脸惊恐，他拼命地跑，想摆脱吠叫着狂追他的狗。但狗追上了他，并一口把他拽倒在地。所以，“伏”的本义是“趴下”。

也有人认为，这个字表示的意思是，把人、犬作为陪葬，埋入墓室棺下的土中，以祓除隐藏在地中的恶灵。在殷王墓的棺下，就埋有武装的士兵和犬。这种陪葬的制度，真令人害怕。由埋入地下的意思引申，后来“伏”有了隐伏、埋伏的意思。“伏者，隐伏避盛暑也。”酷热难忍的伏天里，大家都准备着隐伏起来，躲过暑天。

“伏”的小篆仍然是左人右犬，只是笔画圆润柔和了一些。

安 女坐室内为安

小暑到来，天气闷热。大量出汗，加上睡眠和食欲不好，人有时就会为了一些鸡毛蒜皮的小事而生气，出现“情绪中暑”。在这个时候，更应该保持心情愉快。小暑节气，心安勿躁。

在远古的时候，山野中的兽与蛇，常常咬伤人。而女子更容易受到伤害，因为她们闪躲的速度，或是与猛兽毒蛇搏斗的能力，都比不上男子。当女子在室内时，天敌就被关在了门外，女子才可安坐，不必担忧自己会受到伤害。所以，我们的祖先便以“女坐室内为安”造出了“安”字。

甲骨文的“安”字由三部分构成。一座房子。一个端坐的妇女，她脸朝东面，双手交叉，放在自己的腹部。另外还有一部分表示脚的形状，在古代的文字里是表示行动的符号。这个符号表明，妇女从室外走到室内来。我们把这几个部分的意思连起来看，“安”就是一个妇女从室外走到了室内，端坐下来。

也有人认为，这个字表示新娘前往丈夫家的祖庙参拜，从而得到祖先之灵的护佑，过上安稳舒适的生活。

金文的“安”，女子的脸，转向了西面，坐的样子也取消了。代表脚的符号简化成了一点。

代表脚印的符号的一点，在小篆里消失了。

到了楷书，房子成了宝盖头，敛手放在腹前的女子，变成了“女”字。

大暑

大暑

萤火虫飞舞的夏夜

“萤火虫，打灯笼，照到西来照到东。”童年的记忆里，闪烁着点点萤火，忽明忽灭。萤火虫的“小灯笼”在夏夜的黑暗里闪烁，也驱散着大暑的躁热。

只是，从上个世纪开始，整个世界高度工业化，彻夜明亮的灯光，使花草树木不能享受黑甜的梦乡，让昆虫禽鸟难以安眠。当宇宙由白天而黑夜的节奏改变了以后，许多生命开始消失。萤火虫是依靠尾部的萤光寻找伴侣，完成繁殖的。人工过度的照明，使萤火虫无法交配，从而走向灭绝边缘。

公历每年的七月二十三日或二十四日，太阳位于黄经一百二十度时，是大暑节气。可是，我们已经很难看到古人说的“腐草为萤”的景象了。空山飞流萤，看萤火虫飞出草丛，飘摇双翅，恐怕将成为写在书中的文字了。

大暑来临，夏到了最为嚣张的时候，灼热的阳光铺盖天地，像要把大地烤熟。大暑对应《周易》中的“遁”卦，“遁”是退避，是躲藏。人人都希望能躲藏起来，逃避暑热。

大暑的热，不仅是骄阳在上，还因为湿气浓重。大暑前后，衣服湿透。闷热和湿热，让人仿佛入了蒸笼。湿气的积聚，也会带来滂沱大雨。大暑也是雷阵雨最多的节气。盼望风雨欲来，看“东边日出西边雨”，让大雨带来清凉，是大暑时的乐趣。当然，吃西瓜，吃荔枝，吃烧仙草做的凉粉，饮绿豆粥，喝羊肉汤，在满天星斗的夜晚纳凉，听一个摇着扇子的老人讲狐鬼的故事，直到背脊发凉，也是盛夏时的乐趣。

如果能在城市和乡村的夜晚，看到萤火虫在黑夜里穿梭，在草丛间打起“灯笼”，那该是多美的景象。这“灯笼”的安详宁静，将驱散暑热，而我们的内心，也将拥有更饱满的喜悦。

酷暑天气，日日难熬。但我们在土地上耕种的祖先，在四时的循环当中，懂得最难熬日子也终将过去。所以，在我们中国的文化里，有对挑战和艰难安然接受、坦然面对的智慧。即使是在夏最强大的时候，我们的祖先也知道，阴气正在积聚，秋正伏藏在湿热难耐当中。等到出了“三伏”，秋就要驱逐残夏了。大暑虽然难熬，但伏藏的秋给人带来希望，也让人多了一份耐心和勇气。

此时，也正是“接天莲叶无穷碧，映日荷花别样红”的时候。农历六月二十四，荷花生日。人们到荷塘赏荷观莲，摇着小船采莲弄藕，躲到无边莲叶中消暑。到了晚上，头顶采来的大荷叶或是在挖空的莲蓬中点上小蜡烛，让孩子提灯玩耍；又或者将荷灯沿河施放，看点点荷灯闪烁，为荷花庆生时，感受夏日的惬意，驱散暑热带来的烦恼。

在海边，还有“大暑船”的活动。鼓声喧天、鞭炮炸响中，满载祭品的“大暑船”被渔民们抬起来，在长长的街道上缓缓行进，在街道两旁众多祈福的人的送行里，被运至码头。一系列的祈福仪式之后，“大暑船”被渔船载出渔港，然后在大海上被点燃。相传晚清时，病疫流行，大暑前后到达了顶峰。人们认为，这是山神张元伯、刘元达、赵公明、史文业、钟仕达五圣所致，因此建五圣庙来保平安。后选大暑日送“大暑船”，以表虔诚之心，祈求神明保佑人们生活安康，五谷丰登。

大暑三候

一候，腐草为萤

古人以为萤火虫是腐草变成的。其实，是萤火虫把卵产在枯草上，大暑的时候，萤火虫卵化而出，导致古人产生了这样的误解。“轻罗小扇扑流萤”，萤火虫是大暑迎接立秋的使者。

二候，土润溽暑

溽是湿。湿气浓重，天气闷热，土地潮湿。“冬不坐石，夏不坐木。”放在室外的木椅木凳，雨淋露打，含水分较多。表面看是干的，经太阳一晒，向外散发湿气，如果坐久了，

就会诱发痔疮、风湿和关节炎等病。大暑节气，不要长时间坐在露天的木椅木凳上。请你特别提醒爱去公园走走逛逛坐一坐的爷爷奶奶。

三候，大雨时行

湿气积聚，时常会有大雷雨出现。大雨驱散暑的湿热，逐渐朝凉爽的秋过渡。

湿 水把丝给打湿了

甲骨文　金文　小篆　楷书繁体字　简体字

大暑第二候，土润溽暑。溽就是湿，此时湿气浓重，闷热难熬。

甲骨文的“湿”字，左边是“水”，右边是接连不断的丝，意思是，水把丝给渗湿了。

金文中，左边仍然是“水”，右边仍有“丝”，只是在“丝”的下面增加了“土”字，表示土地潮湿。

秋

立秋

立秋

一叶落知天下秋

公历每年的八月七日或八日，太阳到达黄经一百三十五度，就是立秋节气了。大暑的时候，阴气还迫于阳气太盛，伏藏在地底下。到了立秋，阴气从地底而出，气温较大暑时要凉爽一些了。但由于盛夏的余热还未消去，秋阳仍嚣张，立秋前后，很多地方仍处于炎热之中，这段日子被称为“秋老虎”。“二十四个秋老虎”，在这二十多天里，空气干燥，热得令人难受，阵雨逐渐减少，但比起大暑、小暑没有风、让人透不过气来的酷热，“秋老虎”的热已经是小巫了。蝉声依旧，但不是夏日时不停歇的高歌猛进了，声音明显柔和了许多，多了些人到中年的感觉。

中国人很重视节气的“来”和“去”，节气的习俗便由此形成。周朝的时候，立秋的这一天，天子会亲自率领三公九卿、诸侯大夫，到京城的西郊去迎秋，并举行祭祀仪式。东汉的时候，迎秋就更为隆重了。百官会在立秋的这一天，穿上黑领缘的内衣，白色的外衣，用这样肃穆的装束，到洛阳城外西郊迎接肃杀秋天的到来。之后，他们还会去换衣服，把白衣换成红衣。皇帝进入养动物的园子射杀野兽，用以祭祀。汉朝的时候，当庄稼收获新谷满仓的时候，也正是游牧民族牧草枯黄之时，野兽会伺机进犯，来抢农民辛苦一年的收成。皇帝杀兽以祭，表示秋来扬武之意。将士们也会比赛骑射，操练兵法，准备用武事来保卫国家，“不教胡马度阴山”。

宋朝的时候，“立秋”的时辰一到，太史官会高声奏报：“秋来了。”栽在盆里的梧桐被移入殿内。“一叶落而知秋”，秋天，叶子飘落，因为它们已经做完应该做的事情——帮助树木制造养料。梧桐落叶，报告着秋天的到来。

到了清朝，立秋的这一天，也会悬秤来称人，并和立夏那天所称出的重量相比，看看过了一个夏天，是胖了还是瘦了。所以立秋又有“贴秋膘”的习惯。“膘”就是肥肉。为了补偿夏天的损失，增加营养，人们会在立秋这天吃各种各样的肉，把肉红烧、炖煮或者是烧烤，吃肉馅饺子、炖鸡、炖鸭、吃红烧鱼，“以肉贴膘”。

在农耕时代，夏季劳作辛苦，到了秋天，秋种秋收，又会忙得不亦乐乎。这些营养丰富的菜肴，也是为了给辛勤劳作的人们补补身子，弥补夏季的亏损。

唐朝的时候，妇女和儿童会在立秋的这一天，把楸叶剪成花样插戴。卵形的楸叶，嫩叶时红色，老叶就只剩下叶柄是红的了。立秋日戴楸叶，取其秋意。

农历的七月初七是七夕节。七夕节源于牛郎织女的爱情故事。天上的织女下到人间，与忠厚的牛郎结为夫妻并生儿育女。天帝和王母娘娘把织女强行带回天上。牛郎披上牛皮，用一担箩筐挑着两个孩子，上天去追赶织女。当牛郎快追上织女的时候，王母娘娘把金簪一挥，波涛汹涌的天河出现了，牛郎和织女被隔在了河的两岸。后来，天帝被他们忠贞的爱情所感动，答应每年七月初七由喜鹊搭桥，让牛郎和织女见上一面。

早在三千多年前的《诗经》里，就提到天空的银河两岸，有两颗遥遥相对的星星，一颗叫“牵牛”，一颗叫“织女”。“牵牛织女遥相望”，你在夜空可以看到，牵牛星是一颗较亮的星，两旁有两颗小星；织女星是三角形的，隔着银河与牛郎星遥遥相对。

七夕节将这一天象编成了浪漫的爱情故事。有人说，十二岁以下的孩子钻进瓜架下，还能听到牛郎织女在鹊桥上会面时说的悄悄话呢。

牛郎能够飞上天去追织女，是因为他披上了老牛的牛皮。人们为了纪念老牛，便有了“为牛庆生”的习俗。孩子们在七夕日采摘各种野花挂在牛角上，为牛庆祝生日。

七夕是女孩的节日，又称“乞巧节”。“七夕”的上午，女孩们会玩“乞巧针”的游戏。把一碗水在太阳下晒着，等到水面产生一层薄膜的时候，把平时缝衣服或者绣花用的针投到碗里，针就浮在水面上了。水底的针影，如果细直如针或者有鸟兽、花朵、云的影子，就表示这个人是巧的。这些影子表示织女赐给了她一根巧的绣花针。如果水底针影弯曲不成形，或者粗如槌，这表示织女给她的是一根石杵，这个投针的女孩就是个“拙女子”。

女孩也会用蛛网乞巧。把蜘蛛放在盒子里，看它结网的样子，如果结得密，就说明“乞”到“巧”了。

到了七夕节的夜晚，穿着新衣的少女们在庭院向织女星乞求智巧，称为“乞巧”。“家家乞巧望秋月，穿尽红丝几万条。”女孩们在七夕的夜晚穿七孔针或九孔针，做些小物品来表现自己手巧，还会摆上瓜果乞巧。

一候，凉风至

立秋过后，此时的风已不再是暑天的热风，会凉爽一些。

二候，白露降

立秋过后五天，气温逐渐下降，早晚更为凉爽，清晨会有雾气产生。

三候，寒蝉鸣

秋天感阴而鸣的寒蝉也开始鸣叫。寒蝉，较一般的蝉要小，青赤色，有黄绿斑点，翅透明。“秋风发微凉，寒蝉鸣我侧。”曹丕说，秋风带来凉意，寒蝉在我的身侧哀鸣。秋风和寒蝉，都给人以凄凉的感觉，因为它们使人感觉到岁月的变化和生命的短促。

秋 一只头有触须的秋虫

“秋”的甲骨文，上面是“虫”，一只头有触须的秋虫。我们仿佛看到它正振动翅膀，发出“啾啾”的声音。下面是“火”，以火焚虫。为了不让农作物受到蝗虫等害虫的伤害，避免虫灾发生，古代会在秋末举行焚烧害虫、祈祷丰收的仪式。

到了大篆，“火”移到了左边，左上方多了一个“禾”字，表示秋天是稻谷成熟的季节。甲骨文中秋虫的样子变成了“龟”的形状。此时田里的水已经干了，田地上出现了像龟背上的纹路一样的裂缝。

“秋”的小篆，秋天气候干燥，夜晚虽然凉爽，但白天气温仍然较高。“火”在左，表示秋阳似火。楷书的“秋”，“火”移到了“禾”的右边。“秋”的本意是“收获”。上古时代，谷物一年只成熟一次，所以把“秋”引申为“年”。如“千秋”就是一千年的意思，表示很长很长的时间。

社 一块上小下大的石块

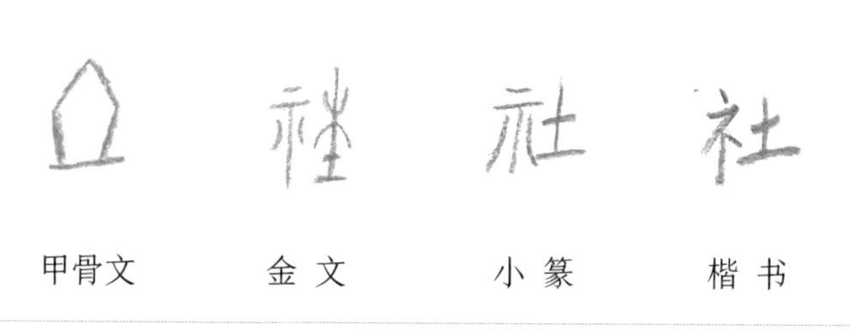

“社”的甲骨文，像一块上小下大的石块，放在了台上，被当作土地神来祭拜。“社，地主也。”“地主”，就是土地神。从汉朝开始，立秋收获之后，有祭祀土地神的习俗，称为“秋社”。人们用祭拜的方式，感谢上苍与祖先的庇佑，另一方面尝尝新收成的米谷，以庆祝五谷丰收。我们中华民族对土地有着深厚的感情，一直到现在，很多地方都有小小的社神庵，供祭拜土地公公和土地婆婆，并流传着煮社粥、食糕等风俗。

金文左边为“示”。上半部分表示用竖着、横着的石块搭成的桌石。这种桌石，是上古时代人们祭拜的“灵石”。桌石两旁各有一点，表示祭拜神的时候，先向神洒酒，再开始祭拜。右边为“木”和“土”。“灵石”立在土地上，又是大家祭拜的对象，意为“土神”和“祭拜土神的地方”。

小篆的“社”，省掉了“木”字。

“社”是土地神，“稷”是谷神。古时候的帝王每年都会祭祀土地神和谷神。后来“社稷”就成了“国家”的代称。

叶 枝上的小点

“一叶落知天下秋”，秋天来了，树叶完成了为树木制造养分的使命，静静地脱落下来，归于尘土。金文的“叶”，是一棵大树上长出了三枝新枝，枝上的小点表示树叶。

“叶”的小篆，增加了表示意思的“草字头”，笔画多得让人想起满树的叶子。

处暑

处暑

稻花香里说丰年

“处暑”的“处”含有躲藏、终止的意思，处暑意味着夏的真正退幕。“处，去也，暑气至此而止矣。”也许是夏看到万物已经成熟而告退，也许是夏不想见到草木即将枯萎、凋零的景象，悄然离开。

处暑在公历每年的八月二十三日前后，太阳到达黄经一百五十度时。从此时开始，气温逐渐下降。处暑，是由炎热到寒冷过渡的节气。

处暑时，天气干燥，很少下雨，摸摸皮肤，会感觉紧绷绷的，甚至会干到起皮脱屑。头发也比往常要干枯，失去光泽。嘴唇会干得开裂，有些孩子的嘴唇周围会干到出现红红的一圈，难受极了。鼻子这时候也更容易因为火气太大而流鼻血，咽喉常常会燥得冒火甚至干咳。这就是人们常说的“秋燥”。处暑时节，也常常会有疲劳感，早上懒洋洋不想起，白天懒洋洋不爱动，这就是“春困秋乏”

当中的“秋乏”。

处暑，也正是农作物收成的时刻。经过了春耕夏种的辛劳，庄稼成熟了，放眼望去，一片金黄。农夫在收成之后，会举行谢田神、土地神和祭祀祖先的仪式。

在古时候，处暑时节是开疆拓土的最好时节。此时出征，既不妨碍农事，也配合了秋天的肃杀之气。死囚在此时被“处决”，称为“秋决”。

秋天肃杀的氛围，常常容易引起人内心的忧伤，曹丕写道：“天汉回西流，三五正纵横。”诗人抬头看，天上的星辰是那么高远。他低头听，地下草虫的鸣叫是那么凄凉。“草虫鸣何悲，孤雁独南翔。”在夜空中，他忽然看见一只孤单的大雁正朝南方飞去。他说：“愿飞安得翼，欲济河无梁。”他想飞回故乡去，可是他没有翅膀；他想跨过河流，可是河上没有桥梁。诗人对着北风发出长叹，他对故乡的思念使他的肝肠都要断了，“向风长叹息，断绝我中肠”。

农历七月十五为“中元节”，俗称七月半，亦称鬼节。道家认为，七月十五地官赦罪，释放地狱中有罪的孤魂野鬼，让他们也能享用人间的奉祀。后来，七月十五演变为民间的祭祀日，家家祭祀祖先。秋天的明月之下，点点河灯在河上漂浮。点放河灯是中元节的习俗，人们认为放河灯可以超度孤魂野鬼。河灯也叫“荷花灯”，一般在底座上放上蜡烛，中元节的夜里放在水上，任其漂浮。

“七月十五鬼乱窜”，中元节，和亡灵有着千丝万缕的联系。在今天，即使是在热闹繁华的都市里，年纪较大的人，仍会在中元节祭祀祖先。人们通过对中元节古老习俗的固守，来表达深藏于内心深处的情感，并用祭祀的方式与怀念着的却永远无法再见的亲人进行沟通。

处暑三候

一候，鹰乃祭鸟

鹰开始大量地捕猎鸟类，还会把猎物祭天。实际上是因为这个时节五谷丰登，鸟类数量很多，鹰把捕获的猎物陈列在地上，就像人们感恩祭天一样。

二候，天地始肃

肃，是肃清，肃杀的意思。“草必枯干，花必凋残。”一切有生命的物体都会如此，有盛就有衰，有繁华就有憔悴。天地万物开始凋零。秋天带来一片萧瑟之气。

三候，禾乃登

“禾”是黍、稷、稻、粱类农作物的总称。“登”是成熟的意思。此时，庄稼成熟了。

处 “虎”坐“几”上

金文中，“虎”坐在“几”上。“虎”是指身着虎皮的人。战事开始之前，身着虎皮的人，坐在几上，举行仪式，祈祷战士们能像虎一样勇猛，像虎一样威风凛凛，胜利而归。

从金文到小篆，发生了一些变化，但“虎”和“几”都还在。

楷书繁体字中，“虎”字头还在，“几”也在。

“处”本来的意思是“居住”，引申为“停止”。“处暑”，意味着炎热暑天的结束。

白露

白露

草木黄落雁南归

“蒹葭苍苍，白露为霜。所谓伊人，在水一方。溯洄从之，道阻且长。溯游从之，宛在水中央。”

诗人说，你看你看，那一片灰白色的芦苇在秋风中摇动，那草叶上的露水都变成了寒霜。在秋天，我想起了我怀念的那个人。我逆着水流去寻找她，道路艰险又漫长；又顺流而下寻寻觅觅，她仿佛在水的中央。

李白的《玉阶怨》中也提到了“白露”：“玉阶生白露，夜久侵罗袜。”独立玉阶，露水浓重，浸透了罗袜。曹丕在《杂诗两首》（其一）中写道：“彷徨忽已久，白露沾我裳。”在外面徘徊得太久了，以致衣袜都被露水打湿了。

这几首诗当中提到的“白露”，指的是草叶上的露水。白露，是二十四节气中的一个。公历每年九月八日前后，太阳到达黄经一百六十五度时，是白露节气。露，在这个节气后开始出现。天高云淡，气爽风凉，是一年中令人心旷神怡的节气。过了白露节，阴气逐渐加重，夜寒白天热。白天阳光灿烂，温度可能仍然有三十几摄氏度，但到了夜晚，就降到了二十几摄氏度。两者之间的温差达到了十几摄氏度。空气中的水汽遇冷凝结成了细细的水滴，密密地附着在小草、树叶或花瓣上。有时候草叶上有几滴露水，风一吹，草叶一摇动，几滴小露水就凝成了一颗大的露珠。第二天清晨，阳光照在白色的小水滴上，晶莹透亮，惹人怜爱，因而得“白露”之名。

老南京人爱喝“白露茶”。茶树熬过夏季的酷热，在白露节气舒展生长。春茶鲜嫩，但不耐久泡；夏茶味苦且干涩。白露茶则纯正浓厚，清香四溢。古时候的人会托青色瓷盘，在清晨将一颗一颗的露珠收入盘中，然后用露水来煮“白露茶”。

收集露水来饮用，对于行色匆匆的现代人来说，是难以想象的一件事。要收集多少片叶子上的露水，才有一小口的啜饮？但这缓慢悠长的过程，兴许是平凡日子中的一抹亮色。

“朝饮木兰之坠露兮，夕餐秋菊之落英。”早晨吮吸木兰花上滴落的露水，傍晚咀嚼秋菊凋残的花瓣。屈原用饮坠露和餐落英来比喻自己的高洁。

此时，稻谷成熟。古人还会把新谷和新鲜的瓜果蔬菜，还有用白露这天收集的露水，再加上糯米、高粱等五谷，酿造成略带甜味的米酒，供奉于神灵面前，虔诚地跪拜，请上天赐福，祈愿来年丰收。

白露节气是太湖人祭祀禹王的日子。禹王是传说中的治水英雄大禹，太湖湖畔的渔民称他为“水路菩萨”。传说东海有一条黑蛟兴风作浪，让洪水淹没了村庄。大禹带领百姓疏通河道，修筑台田，经过八年的时间，终于将洪水制服。大禹用定海神针镇住了东海的巨浪，用降魔铁锁锁住了凶恶的黑蛟。从此，年年雨顺风调，五谷丰登，人们安居乐业，其乐融融。

大禹为了治水三过家门而不入，以天下为家，天下人都视大禹为自己的亲人。为了纪念他，人们在太湖边的平台山上建了禹王庙。祭祀禹王非常隆重，每年会有四期，分别在正月初八、清明、七月初七、白露进行。其中清明、白露的春秋祭规模最大。《打渔杀家》是祭祀时必演的一台戏，它寄托了人们对美好生活的祈盼和向往。

白露三候

一候，鸿雁来

鸿雁与候鸟往南飞，躲避寒冷。“群燕南归雁南翔。”不管是小的燕子，还是大的鸿雁，天气冷了都要飞回南方。鸿雁是候鸟，它们会通过迁徙来选择气候适宜、食物丰富的地方。每到迁徙的季节，鸟类就表现出对迁徙的强烈渴望，它们专注于自己迁飞的方向，一般在夜晚开始迁徙的旅程。鸿雁会排成“人”字形的队伍往南飞，一只只鸿雁，紧跟着最前边的鸿雁飞。“人”字形的飞行队伍，能够节省鸟百分之二十三的体力。“人”字队形中的领头鸿雁最辛苦，因此这个位置上的鸿雁要经常更换。体力好的同伴可以利用队形帮助弱小的同类。

二候，玄鸟归

玄鸟就是燕子。燕子也南飞避寒。

三候，群鸟养羞

“羞”同“馐”，是美食。百鸟感知到秋的肃杀之气，纷纷储存干果粮食以备过冬。

白 一粒白白的米

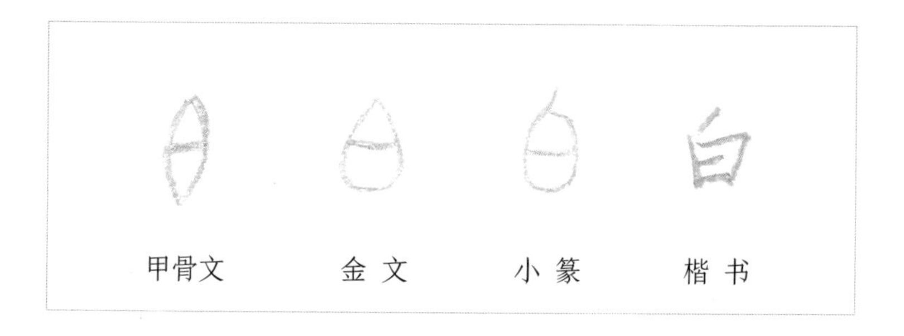

这是一粒白米的形状。

很久很久以前，我们的祖先依靠狩猎或采摘野生的果实为生。后来，人们发现了一种可以食用的野生谷粒，并把它命名为“稻子”。早在七千多年前，居住在浙江省余姚县的河姆渡村的村民，就尝试自己栽培水稻了。水稻去壳以后，就是白白的米粒。

“白”既是米粒的颜色，也是霜雪的颜色。既然像霜雪，便引申出“明亮”“纯洁”“清楚”等意思。“东方既白”的“白”是明亮的意思，“真相大白”的“白”是清楚的意思。

古代有一种罚酒用的杯子，俯看杯口，就像甲骨文中“白”的形状。后来，人们就称满满地饮一杯酒叫“浮白”“浮一大白”。

鸟 鸟儿鸟儿，尾巴长长

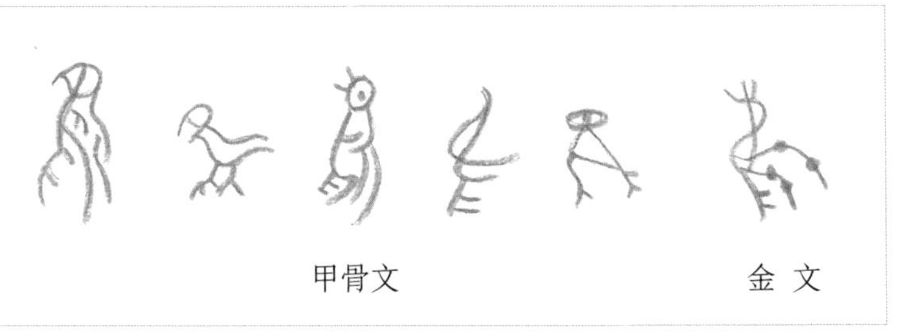

在甲骨文中，我们可以看到各式各样叽叽喳喳的鸟。我们仿佛看到它们的羽毛在风中抖动，听到它们发出的婉转啼鸣。在远古的时候，很多部落的图腾也是鸟。远古的人类，渴望像鸟一样，在空中飞翔。

白露节气，一些候鸟开始迁徙，鸟的迁徙受到“生物钟”的安排，而“生物钟”，是受日照时间影响的。何时交配，何时喂养雏鸟，何时储备脂肪为迁徙做准备，何时迁往越冬之地以及何时返回。这一年的计划，都由“生物钟”来规划。

“鸟”是长尾巴鸟的总称。金文的“鸟”，非常美丽。它头朝上，头部有“冠羽”，翅膀和尾巴上装饰的小点，表示它的羽毛油亮发光。

小篆仍然像一只鸟，头高昂，尾朝右。

楷书繁体字“鸟”的形状逐渐消失，羽毛、翅膀、爪子继续简化。

简化后的“鸟”，四个点变成了一横。代表鸟类乌黑眼睛的一点，可不能丢了。没有了这一点，“鸟”就变成“乌”了。

秋分

秋分

月是故乡明

秋分，意味着秋天已经过去了一半，我们将逐渐走入深秋。秋分的“分”，不仅是平分秋天，还有昼夜平分的意思。秋分和春分一样，白天和黑夜都是一样长的。

公历每年的九月二十三日前后，太阳到达黄经一百八十度，就进入了秋分节气。“漫漫秋夜长，烈烈北风凉。”秋夜漫长，北风那么强劲、那么寒冷。秋分之后，白天越来越短，夜晚越来越长了。

天气仍然干燥，水汽蒸发快，河流和池塘中的水，越来越少了。

“一场秋雨一场寒。”天气越来越凉了，气温下降越来越快。蝉觉得树身变凉，再难以像夏日一样高唱了。在泥土中蛰伏了三年、五年、七年甚至十七年的蝉，会在土里蜕四次壳，每蜕一次，身体就会长大一些。当它成为成熟的若虫时，在清晨日出之前，在高高的树上，爪子牢牢地扎入树枝固定住身体。不久后，它的胸背处会慢慢裂开一条缝，一只黄绿色的蝉就从裂缝中展露出来，借助不断的蠕动，挣脱了旧壳的束缚，羽化成功。蝉饮风吸露，在树间高声吟唱。而现在，它们的声音已经远去。再过一段时间，蝉将坠落于树下，掩埋于落叶当中，重归泥土。

秋分曾是传统的祭月节。从周朝开始，古代帝王就有春分祭日、夏至祭地、秋分祭月、冬至祭天的习俗。在农耕社会，人们会把对未来的期盼融入对天与神的祭祀当中，也把感恩和恭敬心融入到祭祀当中。最初的“祭月节”定在秋分这一天，但这一天在农历八月里的日子每年不同，而且不一定有圆月，所以，“祭月节”就由“秋分”调到了中秋。中秋祭祀月亮的习俗，逐渐影响到民间。

到了唐代，中秋节成为固定的节日，每年农历八月十五，人们仰望朗朗明月，祭拜月神。合家团圆，赏月叙谈。

关于中秋节，流传着很多神话故事。

传说英雄后羿力大无穷，曾经站在昆仑山顶，拉开神弓，射下天上的九个太阳。最后一个太阳从此再也不敢胡闹，清晨升起，夜晚落下，让人间温暖光明。

后羿巧遇王母娘娘，求得不死药一包，服下后就能升入天庭成为神仙。后羿也想长生不老，也想成为神仙，但想到要离开妻子嫦娥，让她孤单一人在人间，后羿无论如何做不到。回到家后，他把不死药交给了嫦娥，让她好好保管。

后羿的弟子中有一个心术不正的小人，名叫逄蒙。他知道了不死药之后，便想据为己有。趁着后羿外出狩猎，逄蒙持剑逼迫嫦娥交出不死药。嫦娥知道自己没有办法对抗逄蒙，但也不愿让仙药落入小人之手。她拿出不死药，一口就吞了下去。一瞬间，嫦娥就飘离地面，飞出窗子，飞过庭院，悠悠然飞向天空。嫦娥也舍不得离开丈夫后羿，但服了不死药的她，已经无法回到人间，回到她温暖的家中。她再也不能在厨房中为后羿准备美味的饭食，也不能再为自家花园里的花儿和树木浇水施肥。飘飘悠悠升上天空的嫦娥，泪如雨下，心如刀割。她飞落到离人间最近的月亮上成了仙。

后羿回到家中后，逄蒙早已逃走。悲痛欲绝的后羿发现月亮中有个身影很像嫦娥，他拼命去追月亮，但月亮又如何追得上？思念妻子的后羿便在嫦娥喜爱的后花园里摆上香案，放上她平时最爱吃的鲜果、蜜食，遥祭在月宫里也苦苦思念自己的嫦娥。

人们知道善良的嫦娥奔月成仙之后，也纷纷在月下设香案，向嫦娥祈求吉祥平安、花好月圆。从此，中秋拜月的习俗便在民间传开了。

还有一个传说，是关于吴刚伐桂的。吴刚曾修习仙道，但到了天界后，他犯了错误。仙人便惩罚他到月宫去砍广寒宫前一棵五百多丈高的桂树。只是吴刚每次费尽九牛二虎之力把这棵巨大的树砍开之后，被砍的地方竟然马上又合拢起来，砍开再合拢，合拢再砍开，周而复始，永无穷尽。

秋分三候

一候，雷始收声

春分后五日，雷乃发声。到了秋分，雷入地收声。古人认为雷是因为阳气盛而发声，秋分后阴气开始旺盛，所以不再有隆隆的雷声了。

二候，蛰虫坯户

寒冷驱逐着虫子藏入地下的巢穴。它们用细土把洞口封起来，以防寒风的侵袭。这是在为冬眠做准备了。

三候，水始涸

“涸”是干竭。春夏水长流，秋天的水却逐渐干涸。降雨少，天气又干燥，水分蒸发快，湖泊与河流中的水量变少了。

金 里面竟然有个铃子

秋在中国传统的“五行”里属“金”。“金”是兵象，刀枪剑戟等武器都属于“金”。所以，秋有一种肃杀之气，到了秋天，葱茏的草木遇到这种肃杀之气都摧败凋零了。

金文的“金”，左边的两个点表示小铜块，右边是铸成的金属的形状，上面像箭头，下面像一把斧头。“金”指金属（金、银、铜、铁等），但古时候的“金”常特指铜，铜是制作青铜器的原料，因此，青铜又被称作“赤金”。

后来，“金”专指黄金、金银之金。从战国时代开始，就开始出现比较多的黄金制品了。

“金”的小篆，上面的部分是“今”。这是一个铃子的形状，最上面是铃子外面的部分，铃顶高高突起的部分是柄钮，可以提起或系挂起来。里面的部分表示铃锤。古代用金属做的铃子有两种，一种是木铎，用木做铃锤，一种是金铎，用金属做铃锤。这两种铃，在商周时代，有着不同的用途。木铎用于政法政令的宣布，金铎则用于军法军令的宣布。当官吏拿着木铎或金铎摇动的时候，就会发出“jin - jin”的铃声。所以，古人就用铃子的形状为字体，以它发出的铃声作为字音，创造出了“今”字。

下面的部分，表示土中的金属块。

“金”，以“今”表音，以土旁加两点表意，是个形声字。

“金”的楷书的写法，基本等同于小篆。由“金”所组成的字常常与金属有关，如“铁”“铸”“铠”。“金”字旁根据草书化成了“钅”。

寒露

寒露

登高怀远，菊香盈袖

“寒露寒露，遍地冷露。”深秋时节，鸟不再鸣，虫不再叫。风起叶落，树叶离开大树，一片又一片堆积于地。有太阳的日子渐渐少了，寒气袭人。大地一片肃杀的景象，万物都失去了生气。

公历每年的十月八日前后，太阳到达黄经一百九十五度，是二十四节气的寒露。“白露”节气，暑气还未完全消退，在凉爽的清晨有露珠闪耀。到了“寒露”，气温已比“白露”时低了许多，露气重而稠，快要凝结成霜了。“白露”是炎热向凉爽过渡的节点，“寒露”则是凉爽向寒冷过渡的节点。

寒露时节，菊花开放。草木都因阳气而开花，独有菊花因阴气而开花。农历九月也称“菊月”，菊花日渐金黄。古人称菊为“日精”，它聚集了太阳的精华，才黄得这样饱满灿烂。

“采菊东篱下，悠然见南山。山气日夕佳，飞鸟相与还。”诗人陶渊明说，他在东边的篱笆下采集菊花，悠然地看见了南山。

陶渊明生在中国历史上充满了战乱的黑暗时代，他一生努力保持着自己内心的一份平静，而且他最终也做到了。

他的诗中常常写到菊花。在所有的植物中，他最喜欢写的，一个是菊花，一个是松树。

陶渊明曾写道："芳菊开林耀，青松冠岩列。怀此贞秀姿，卓为霜下杰。"秋天芬芳的菊花开在丛林当中，秋风吹过，菊花仍在开放；在寒风之下，松树仍如此青翠。在秋的风霜之中，松树和菊花挺立在严寒中，是坚贞不屈的"霜下杰"。

陶渊明爱喝酒，他把采下来的菊花花瓣撒在他要喝的酒上。"秋菊有佳色，裛（yì）露掇其英。泛此忘忧物，远我遗世情。"秋天的菊花姿容美丽，他把带着露水的菊花花瓣采了下来，撒在他要喝的酒上面。

在酒中撒上菊花，是我们古代的一个习俗。古人每到农历九月初九就要喝菊花酒，就是把菊花瓣放到酒里一起喝。菊花九月开花，有的地方又把菊花叫"九花"。"九月九日饮九花酒"，据说可以使人长寿，因为"九"与"长长久久"的"久"同音。

农历九月初九也叫重阳节。《易经》中把"九"定为阳数，九月初九，不管是月份还是日期，都是阳数，两九相重，故名重阳，也叫重九。重阳节还有登高的习俗。

传说汝河出现了一个瘟魔，它让家家有人病倒，天天有人丧命。青年桓景在父母被瘟神夺去生命后，决心访师寻道，为民除掉瘟魔。他历尽千难万险，找到了仙人费长房并拜他为师。桓景勤学苦练，终于学得降妖剑法，练就非凡武功。九月初九瘟魔又下山作恶了。桓景按照仙人吩咐，让乡亲们登上高山，并给每人发了一片茱萸叶，一盏菊花酒。瘟魔闻到茱萸和菊花酒的气味，脸色突变。桓景手持降妖宝剑，消灭了瘟魔。从此，九月初九登高避疫的风俗便流传了下来。每年的九月初九，人们会登上高山，佩戴茱萸，饮菊花酒，吃重阳糕。有些地方的妇女和儿童，还会把菊花插在头上；还有的地方，会在晚上点燃菊灯，盛况不亚于元宵的灯节。

寒露三候

一候，鸿雁来宾

从白露节气开始，鸿雁便开始排成一字或人字形向南迁徙。到了寒露，是最后一批了。古人称后到的为“宾”。

二候，雀入大水为蛤

天冷，风寒，雀鸟都不见了。古人看到海边出现的蛤蜊，贝壳上的条纹和颜色都与雀鸟相似，便以为雀鸟入海化为了蛤蜊。

三候，菊有黄华

“华”便是花。此时菊花开放，“有暗香盈袖”。菊花的香气盈满衣袖。玉箪秋凉，夏远走，秋转凉。

酒 酒坛子里飘酒香

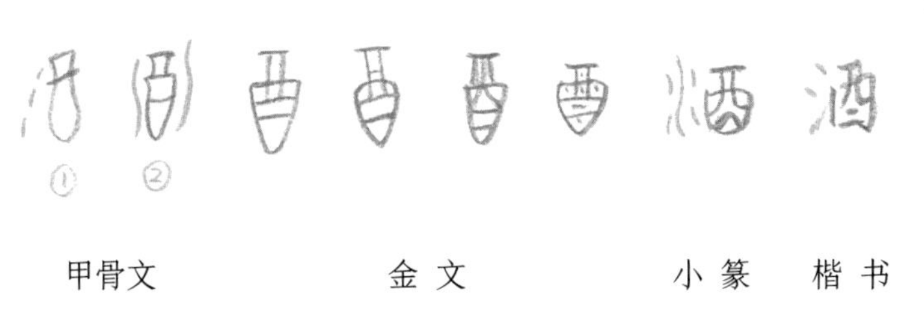

甲骨文　　　　金 文　　　　小 篆　　楷 书

重阳节有喝菊花酒的习俗。

甲骨文①的右边是一坛酒，左边的几个点，表示从酒坛里溢出来的酒，也可以表示酒坛里飘出的阵阵酒香。甲骨文②，酒坛子到了中间，两边的曲线，像酒香四溢，也可以表示坛子里的酒多得已经溢了出来。

“酒”的金文，是各种各样的酒坛，上面有圆点、三角、弧线、曲线装饰的花纹。酒坛上花纹的出现，表现了远古人类开始对美的追求。

这些酒坛，即“酉”，在周初的金文里，是“酒”的本字。

在小篆中，酒坛上的线条简洁明快。坛子左边的“水”字，表示酒是像水一样的液体。有了“水”旁的“酒”字，与“酉”便分家了，“酉”字专用作十二“地支”中的第十位。十二“地支”是古代表示时辰的符号，“酉”时是下午五点到七点的时间。

霜降

霜降

霜叶红于二月花

霜降，是秋季的最后一个节气，此时，“无边落木萧萧下”，在万物凋零净尽的秋天，当我们看到强劲的秋风将树叶吹落，会不由得感到一阵凄凉与悲哀，这就是人们常说的“悲落叶于劲秋”。公历每年的十月二十三日前后，太阳到达黄经二百一十度时，是二十四节气的霜降。

深秋的夜晚，温度骤降，空气中的水蒸气在茫茫大地上，附在花草树木上，凝结成冰晶的状态，这就是霜。霜大多数形成于无风无云的夜晚，从深秋开始到第二年早春都有可能降霜。水汽凝结的时候，可以放出大量潜藏的热量，让气温下降的速度得到缓和，减轻植物的冻结程度。霜，还能让蔬菜甜脆。低温有利于植物体内的物质转化，并增加糖分。所以，“霜打蔬菜分外甜”，打了霜的萝卜也会甜一些。

但打霜往往出现霜冻，“风刀霜剑严相逼”，霜冻会使植物遭到冻害。“秋风萧瑟天气凉，草木摇落露为霜。”什么是“露为霜”？露和霜虽然都是水汽凝结而成，但二者的作用却完全不同，露使草木滋生，而霜给草木以摧残。此时，人们会在苗圃园地上盖上稻草，或是覆上薄膜，不让植物因冻害而枯蔫。

霜降时节，正是“万山红遍，层林尽染”的时候。

“远上寒山石径斜，白云生处有人家。停车坐爱枫林晚，霜叶红于二月花。”唐朝诗人杜牧沿着弯弯曲曲的小路上山，在那白云缭绕的地方，还有人家。他停下车来，是因为喜爱这深秋枫林的晚景。经秋霜染过的枫叶，比二月的春花还要红艳。

枫树的叶子经寒霜之后变成了红色，此时，人们常常会到山上去观赏红叶。此时，也是视野最为开阔的时候。“昨夜西风凋碧树，独上高楼，望尽天涯路。”昨天晚上吹了一整夜的秋风，把窗前原来枝繁叶茂的树上的叶子吹得凋落了。诗人独自登上了那最高的层楼，由于没有了往日遮蔽视野的密叶繁枝，所以一下子就望到了那天涯的尽头。

这个时候，也正是吃柿子的季节。“霜降到，柿子俏，吃了柿，不感冒。”在闽南，霜降这一天，有吃柿子的习俗。

“履霜坚冰至。”这是《易经》上的一句话。当我们在行进中发现脚下有霜了，我们就会意识到天冷了，那个冰天雪地的季节就要到来了。

秋，即将过去；冬，就要来了。

霜降三候

一候，豺乃祭兽

豺，豺狼，俗名豺狗。霜降日豺狼开始捕获猎物。

二候，草木黄落

大地上的树叶枯黄掉落，冬天即将到来。

三候，蛰虫咸俯

“咸”是皆、都的意思。“俯”是低头。蛰伏在洞里的虫子不动不食，垂下头来进入冬眠状态。

黄 兽皮、病人，还是着火的箭矢？

霜降第二候，草木黄落。

关于甲骨文的“黄”字，有好几种说法。

有人说，这个字像是一张摊开来进行晾晒的兽皮。

有人说，这是一个正面站立的人，腹部肿胀得像个圆球。这是一个肚子里生了寄生虫、肤黄如蜡的病人。

还有人说，这个字像箭头着了火的箭。由火光联想到黄、黄色之义。

金文比甲骨文复杂一些。

冬

立冬

立冬

冬来万物藏

春是生长，夏是壮大，秋是收获，那么冬，就是休息，是一年辛勤忙碌后的休整。冬天的偃旗息鼓，收藏锋芒，是为了积蓄力量，攒足精神，在来年春天奏响更为蓬勃的乐章。

“立”，建立、开始的意思。“冬，终也，万物收藏也。”“冬”是终止、藏匿的意思，进入冬季，一切活动都终止了。秋季的作物已经收晒完毕，收藏起来，动物也藏起来冬眠了。立冬，表示冬季开始了，万物收藏，规避寒冷。

公历每年的十一月七日或八日，太阳位于黄经二百二十五度时，是立冬节气。立冬与立春、立夏、立秋合称四立。在古时候，立冬日要举行迎冬的仪式。立冬的前三天，皇帝便开始沐浴，穿整洁的衣服，不喝酒，不吃荤，以表示迎冬的虔诚。到了立冬日，皇帝率三公九卿大夫到北郊六里处迎冬。迎冬大典结束之后，皇帝会赐群臣冬衣，并立刻办理因公殉职的文臣武将的抚恤、赏赐和救济等事情。

民间除了祭拜外，还有“入冬日补冬”的习俗。辛苦了一年的人们，会在立冬休息一天。“立冬补冬”不仅犒赏一家人一年来的辛苦，也补充了身体营养，摄取大量的蛋白质和脂肪来抵御冬季的寒冷。食人参、鹿茸、狗肉、羊肉及鸡鸭炖八珍是比较常见的补冬方式。有的中药店会推出十全大补汤，就是用十种滋补的中药来炖鸡进行补养。

立冬时节，地表下还贮存了一些热量，所以一般还不太冷，晴朗无风的时候，也有舒适宜人的“小阳春”天气。

冬天气温低，身体为了保持温暖，需要更多的热量。所以我们在冬天对于食物的需要量比夏天的时候多。

农历十月十六，是民俗中的“寒婆”生日，从这一天开始，寒气滋生，真的变冷了。传说，盘古的生日也是在这一天。盘古开天地是中国的创世记。相传很久很久以前，天和地还没有分开，混沌一团，像个鸡蛋。盘古睡在其中，一天变化九次，慢慢长成一个巨人。一万八千年后，盘古用大斧把“鸡蛋”劈开，轻而清的东西上升为天，重而浊的东西下沉为地。盘古头顶天，脚蹬地。天每天高一丈，地每天厚一丈，盘古每天长一丈。就这样又过了一万八千年，天变得很高很高，地变得很厚很厚，天和地再也合不起来了。盘古累坏了，他倒了下来，他的身体化成了天地万物，让世界变得如此美丽。

立冬三候

一候，水始冰

立冬之日水已经能结成冰了。

二候，地始冻

立冬后五日，土地也开始冻结。

三候，雉入大水为蜃

“雉入大水为蜃”，与“雀入大水为蛤”相对应。雉是指野鸡一类的大鸟，蜃为大蛤。立冬过后，野鸡一类的大鸟不见了，海边看到的大蛤，外壳的线条和颜色都与野鸡相似。所以古人便认为雉立冬以后便变为大蛤了。

冬 把太阳锁在天幕里

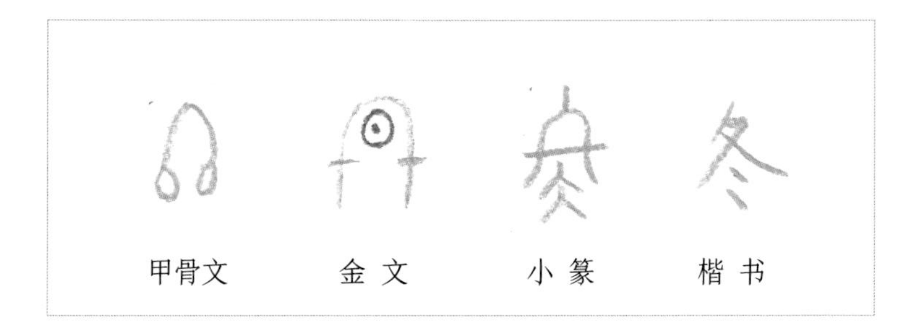

在古时候，“冬”与“终”是同一个字。甲骨文中两个小圈表示一条丝线两头的两个结。在两个顶端处打上疙瘩，表示丝已经用完了，到了尽头，也就是“终”的意思。而冬天是一年中最后一个季节，所以就用这个字来表示“冬”了。

到了冬天，太阳很少露面，光照短，天上灰蒙蒙的。金文的“冬”，外面是圆圆的天幕，“天似穹庐，笼盖四野”。那两横像是锁，把太阳锁在了天幕之中。

到了小篆，“日”消失了，增加了冰凌形。到了冬天，千里冰封，万里雪飘，太阳完全看不到了。

“冬”的本义是寒冷，后来用作季节名，以农历十月至十二月为冬。

小雪

小雪

北风吹雁雪纷纷

“绿蚁新醅酒，红泥小火炉，晚来天欲雪，能饮一杯无？”唐朝的白居易以诗为请柬，邀请刘十九围炉对饮，雪夜畅谈。他说，新酿的米酒上还漂着像绿蚂蚁一样的酒渣，我用红泥小火炉把新酒加热，小屋里酒香正四溢。天好像就要下雪了，在这寒冷的夜晚，你会和我小酌一杯吗？

公历每年的十一月二十三日或二十四日，太阳到达黄经二百四十度时，为小雪节气。天气寒冷，雪纷纷扬扬飘落下来。但还不是特别冷，所以雪下的次数少，雪量也不大，称为“小雪”。此时，太阳极少露面了，天空灰暗，大地阴冷。树枝也是一片光秃。

“小雪封地，大雪封河。”小雪节气，地冻得像冰块一样硬，到大雪节气时，则会冷得连河水也冻住了。

小雪节气，气温骤降，天气变得干燥，正是腌腊肉的好时候。人们会把新鲜的肉拌上盐，再配上一些八角、桂皮、茴香等香料，腌好放入缸中，一个星期或半个月后，包上棕叶悬挂起来，挂在通风的地方风干。风干后的肉，人们还会点燃柏树枝或锯木屑加以熏烤，做成腊肉准备过年吃。

小雪时节，外面寒风呼啸，屋内干燥，加上烤火或吹暖气，不少人会口干舌燥，“上火”。这时，可以多吃些芹菜、莴笋等苦味食品，还可以多吃些梨、萝卜、藕和甘蔗，尤其是萝卜，不仅滋补，吃多了也不会上火。

小雪时节，天空阴阴暗暗，太阳极少露面。加上寒风瑟瑟，大地一片萧瑟，人们的心情很容易受到影响，此时，更应该让内心的太阳来温暖自己，用更开朗的心境和更灿烂的笑容，看小雪飞扬弥漫。

小雪三候

一候，虹藏不见

古人认为阴阳相交才会有虹。此时阴气旺盛阳气伏藏，雨水凝成雪，虹自然不见了。

二候，天气上升地气下降

天空中的阳气上升，大地中的阴气下降。

三候，闭塞而成冬

万物失去生机，天地闭塞，严寒的冬天开始了。

雪 用手捧雪花

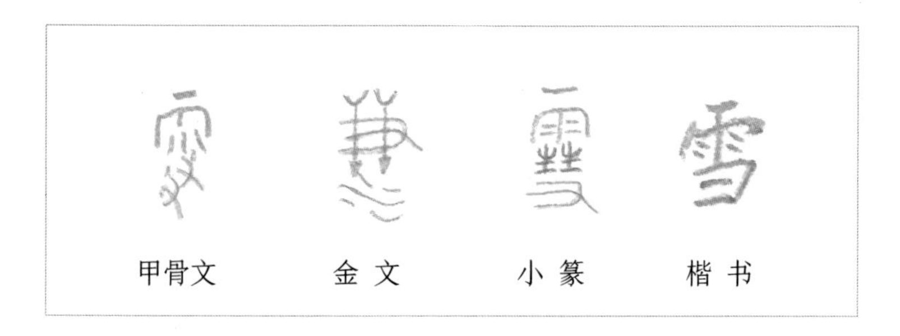

当雪花从空中飘落的时候，你会用手去捧住它吗？甲骨文的“雪”，“雨”字头下面，是两只手。这个字的意思是，雪是凝结的雨，可以用手来捧住。

“雪”的金文，上面表示多角的雪花从天空降落。中间是手的形状。表示用手接住自天而降的雪花。下面说明雪花融化以后，会变成水。

小篆中，上为“雨”，下为“彗”。“彗”由两部分组成，上面的部分像竹枝做的扫帚，下面是手的形状。“彗”表示用手拿起竹枝扫帚。整个字的意思是，凝结的雨，也就是雪，要用竹扫帚去扫。

“雪”的本义是空气中降落的白色结晶，多为六角形。因为雪为白色，所以常用雪来形容“白”，如李白的“朝如青丝暮成雪”。由“白”又引申出“洗除”的意思，如“雪耻”。

大雪

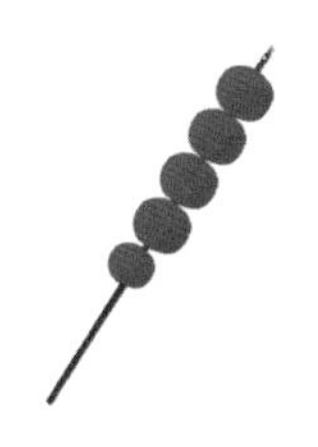

大雪

瑞雪兆丰年

“千山鸟飞绝，万径人踪灭。孤舟蓑笠翁，独钓寒江雪。”鸟飞绝，人踪灭。冰天雪地寒江，还有一位老翁独处孤舟，默然垂钓。柳宗元的《江雪》描写出了天寒地冻的严冬景象。

公历每年的十二月七日或八日，太阳到达黄经二百五十五度时，是大雪节气。鹅毛大雪飘然而至。此时，雪往往下得大，下的范围也很广，故名“大雪”。

“瑞雪兆丰年。”积雪覆盖大地，可以让地面和作物周围的温度不会因为寒流的侵袭而降得很低，给冬天的作物越过寒冷的冬天创造了条件。当积雪融化的时候，雪水浸入大地，让土壤变得湿润，为春天作物的生长储备了能量。雪中的氯化物含量，是雨水的五倍，可以让田野变得更加肥沃。所以，人们都说“今冬麦盖三层被，来年枕着馒头睡”。

“大雪冬至后，篮装水不漏。”大雪时节，气温急剧下降，常常会出现冰冻。

此时，人们会到户外赏雪、堆雪人、滑冰，但大多的时候，会待在家里，烤暖烘烘的火，喝暖烘烘的粥。

大雪时节,以前的小街小巷里,会有小摊贩卖饴糖。摊贩把锣一敲，小孩子、妇人和老人就会来买饴糖，解解嘴馋，增加一些身体的热量。

大雪三候

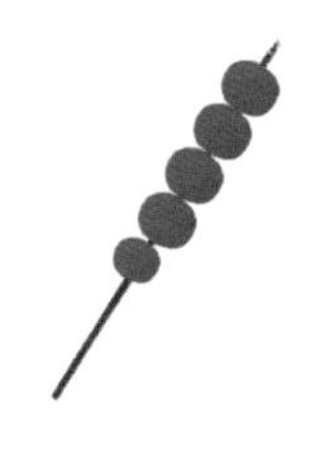

一候，鹖鴠不鸣

鹖鴠（hé dàn），就是寒号鸟。因为天气寒冷，寒号鸟不再鸣叫了。

二候，虎始交

阴气最盛的时候，阳气开始萌动，老虎开始有求偶行为。

三候，荔挺出

荔挺是兰草的一种。感应到阳气的萌动，荔挺抽出新芽。

兆 龟甲上的裂纹

金文　　小篆　　楷书

这是“瑞雪兆丰年”的“兆”。金文中这个字,是卜兆之形。占卜时,把乌龟的甲刮光,在背面纵向钻出小孔,再在两旁钻出小孔,然后灼烧孔洞处,龟甲上就会出现或横或纵的裂纹。这个字中间的一条线,及两侧的两个“卜”字形的线,都是裂纹的样子。卜者会根据裂纹来判断是吉还是凶,称作“卜兆”。

小篆增加了一个“卜”字,比金文繁杂一些。

楷书中删去了小篆形体上的“卜”字。“兆”的本义是灼烧龟甲时出现的裂纹,由此引申出征兆、兆示、前兆之义。“兆”也用于数字,古代指一亿的一万倍。

冬至

冬至

天寒地冻，围炉数九

公历每年的十二月二十二日前后，太阳运行至黄经二百七十度时，是冬至节气。冬至，是二十四节气中最早制订出的一个节气。

“冬至一阳生，来复之时。”古人认为，冬至是阴阳二气的自然转化，过了冬至，白天会越来越长，阳气回升，大地消寒回暖，是一个节气循环的开始，也是一个吉日，是上天赐予的福气，应该祝贺。因此，冬至也是一个传统节日，甚至有“冬至大过年”的说法，也就是冬至比过年还要隆重，还要重要。这一天朝廷上下要放假休息，军队待命，边塞闭关，商旅停业，亲朋相互拜访。唐朝和宋朝的时候，冬至是祭天和祭祀祖先的日子。皇帝在这一天要到郊外去举行祭天大典，北京的天坛，就是明朝和清朝的皇帝祭天的地方。老百姓在这一天要向父母亲祭拜。

在二十四节气里，我们会发现，我们中国人对于天地万物和祖先，都充满了“敬”的情感。我们看到古代的帝王在春分祭日，夏至祭天，秋分祭月，对于天地、日月，对于浩瀚的宇宙，充满了虔诚的敬意。老百姓在除夕、清明、七月十五与冬至，都会参拜祖先，怀念故去的亲人，追思曾经温暖共度的时光，给隔了一个世界的亲人甚至从未见过面的祖先遥遥送去问候，让他们和我们共享除夕的热闹、清明的天清气爽和冬至的吉祥福瑞。

冬至日，有向长辈献鞋献袜的习俗。鞋袜可御严寒，也表达了对长辈的敬意，希望长辈穿上新鞋袜，温暖过严冬。

冬至夜，是一年中最安静的长夜。冬至对应的是易经中的“复”卦。卦象中上面五个阴爻，下面一个阳爻，象征着阳气刚刚萌动。古时候曾把冬至定为子月，即为一年的开始。在一天的十二个时辰中，子时是人体阳气初生的时间。阳气初生之时，力量还十分薄弱，需要大家一起来呵护，才能够使阳气不断壮大。所以，冬至是一个安静之节，这一天，城门关闭，商店停业，战事停息，禁止喧闹。

“冬至馄饨夏至面。”在北方，有冬至宰羊吃馄饨、吃饺子的习俗。在南方，则有吃冬至米团、冬至长线面的习惯。河南人冬至吃饺子，俗称“捏冻耳朵”。相传医圣张仲景在寒风刺骨的冬至里，看到南阳白河两岸的乡亲，不少人的耳朵都被冻烂了，于是就吩咐弟子把羊肉、辣椒，还有一些驱寒药材放到锅里煮熟，捞出来剁碎以后，用面皮包成像耳朵的样子，再放到锅里煮熟，送给百姓吃。后来，乡亲们的冻耳朵都治好了。从此，每逢冬至，人们争相仿效，形成冬至吃饺子的习俗。

冬至吃馄饨的习俗与道教纪念元始天尊的诞辰有关。元始天尊就是盘古。天地曾处于一片混沌之中，是盘古将天地于一片混沌之中分离开来，开天辟地。冬至白天最短，夜晚最长，是阴阳二气正在交替变换之时，所以这一天，人们也会煮馄饨吃。

冬至过后，进入一年中最寒冷的阶段，也就是人们常说的“进九”。“一九二九不出手；三九四九冰上走；五九六九沿河望柳；七九河开，八九雁来；九九加一九，耕牛遍地走。”后来，又发展出“画九”“写九”等习俗。温暖一天天到来，寒冷一天天消去，就在“九九消寒图”里形象地呈现出来。

冬至三候

一候，蚯蚓结

蚯蚓在地下被冻得僵成一团，纠如绳结。

二候，麋角解

麋的角朝后生，所以为阴，冬至阳气开始复生，麋感到阴气渐退而解角。

三候，水泉动

阳气初生，山中泉水开始流动并温热，地下的井水开始向上冒出热气。

至 箭落地面

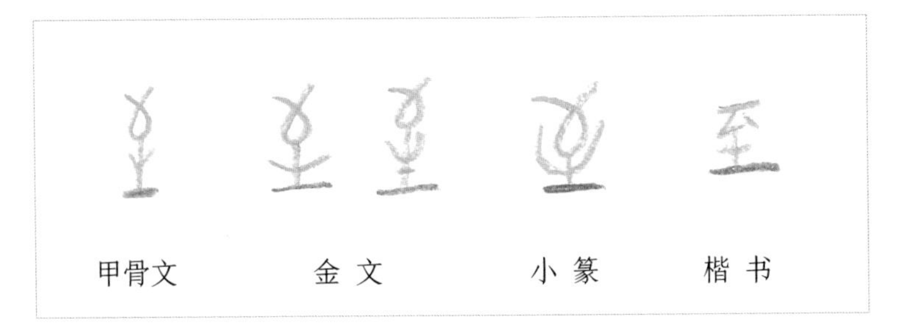

甲骨文中，最下面的一横表示地面，箭落地面为“至”，表示“到”的意思。远古的箭头用石头、骨头、兽角或青铜等坚硬的材料制作而成。有的箭头是把石头磨得光光的，像树叶的形状，四周很锋利。有的箭头用骨头制成，是三角形的。

发展到楷书，表示地面的那条横线还在，但已经看不出箭落地面的形迹了。“至”表示抵达终点，故有“到达”之意。箭矢到达之地可以说是一种极限，因此有“极”的意思，表示达到了顶点。

小寒

小寒

梅花香自苦寒来

公历每年的一月六日左右，太阳到达黄经二百八十五度时，是小寒。小寒是反映气温变化的时令。小寒的十五天加上大寒十五天一共三十天，是农历十二月中最冷的一个月。“小寒大寒，冻成一团”。小寒时还未冷到极点，故称为小寒。

小寒时节，正是古代储冰的好时候，古时候，不论是皇宫还是普通百姓家，都有冬季储冰夏季用的习俗。

“三九”大多在一月九日到十七日。小寒一过，“出门冰上走”的“三九”就来了。“三九补一冬，来年无病痛。”经过春、夏、秋的辛苦繁忙，再加上要抵御严寒，人们会在小寒时吃羊肉、狗肉。

“小寒”是农历腊月的节气，古人称农历十二月为腊月，进入腊月要进行“腊祭”来表达对祖先的怀念，祈求神明护佑，并作为终岁辛劳的一次休整。

小寒节气常与腊月初八相会，在腊八节，人们会喝腊八粥。传说十二月初八是佛祖释迦牟尼得道成佛的日子，因此都需要做佛事并熬粥，施粥给穷苦之人。寺院腊八日赐腊八粥，除了纪念佛祖成道，还有携众生度“八苦”之意，慈养众生。腊八节从周朝开始，腊月初八祭八方八神，祈求来年风调雨顺。明朝的时候，皇上吃的腊八粥，在腊八前几天，就要把红枣锤破后泡汤，到腊八节，加入粳米、白果、核桃仁、栗子、菱米煮粥。到后来，食腊八粥的习俗传入民间，成为民间的传统节日。

同为腊八粥，各地有各地的煮法。一般人喜欢用糯米、小米、红豆、黄豆、薏米、花生、红枣、桂圆八样原料慢火熬。江苏腊八粥分甜咸两种，咸粥会加青菜和油。在陕北高原，熬粥除了用多种米、豆之外，还加入各种干果、豆腐和肉混合煮成。老南京人一般会煮菜饭吃。菜饭的内容并不相同，有用矮脚黄青菜与咸肉片、香肠片或是板鸭丁，再剁上一些生姜粒与糯米一起煮的，十分香鲜可口。甘肃的腊八粥用五谷、蔬菜，煮熟后除了家人吃，还要分送给邻里，并用来喂家畜。兰州的腊八粥用大米、红豆、红枣、白果、莲子、葡萄干、杏干、瓜干、核桃仁、白糖和肉丁等煮成。煮熟后先用来敬门神、灶神、土神、财神，祈求来年五谷丰登，再分给亲邻，最后一家人享用。

北京的腊八粥，用薏米、白米、小米、栗子、去皮枣泥等和水煮熟，然后用桃仁、杏仁、瓜子、花生、榛子、松子及白糖、红糖、葡萄干来做点染。

天津的腊八粥与北京近似，讲究些的还要加莲子、百合、珍珠米、薏仁米、大麦仁、芸豆、绿豆、桂圆肉、龙眼肉、白果、红枣及糖水桂花。

苏州人煮腊八粥要放入慈菇、荸荠、胡桃仁、松子仁、芡实、红枣、栗子、木耳、青菜、金针菇。

腊八粥里放的东西是有讲究的。红枣花生喻早生贵子，核桃代表和和美美，桂圆象征富贵团圆，栗子表示大吉大利，一碗粥里，满是中国人对于美好生活的心愿。

寒为冬季的主气，小寒又是一年中比较寒冷的时节，吃腊八粥可以积蓄能量，迎接春天的到来。

小寒三候

一候，雁北乡

古人认为候鸟中的大雁是顺阴阳而迁徙，此时阳气已动，大雁开始向北迁移，但还不是迁移到我国的最北方，只是离开了南方最热的地方。

二候，鹊始巢

北方到处可见到喜鹊，它们感知到阳气而开始筑巢，准备繁殖后代了。

三候，雉始雊

雉，是野鸡。雊（gòu），野鸡的叫声。野鸡感受到阳气的滋长而鸣叫求偶，早春临近。

寒 躲在堆满草的屋子里

金文的“寒”字由四个部分组成。最上面是房舍之形。屋外已经结了冰，最下面是两块冰的样子。为了避寒，人躲进了屋内。寒气从脚起，脚已冻得冰凉冰凉的了，所以特别突出了人的脚。躲进屋内，还是很冷，赶紧在屋内铺上草。可是，这又能够抵挡住多少的寒气呢？毕竟屋外已经是冰天雪地、天寒地冻的时候了。

“寒”的小篆，各个组成部分变化不大，只是“人”下的脚省掉了，屋外的冰块变成了冰凌状。

到了楷书，屋顶变成了“宀”，稻草变成了现在的样子，人也变成了下面的“人”，两块冰凌变成了最下面的两点。“寒”字完全走样了。

“寒”的本义是“寒冷”，把寒冷的状态转用于人，有贫困（如“贫寒”）、害怕（如“心寒”）的意思。

大寒

福

大寒

辞旧迎新，珍重待春风

每年公历一月二十日左右，太阳到达黄经三百度时，是大寒，二十四节气的最后一个节气，一个表示天气寒冷程度的节气。这时气温比小寒还冷，天气冷至极点，所以称为“大寒”。此时，我国大部分地方风大、低温，地面积雪不化，一片冰天雪地的景象。

“三九冻死狗，四九冻死猫。”一年之中的最低温度，总在小寒和大寒之间出现。

“过了大寒，又是一年。”这个“年”是指的农历年。大寒过后，立春到来，又是新的一年了，此时，地球绕着太阳公转了一圈，完成了一个循环。

低温的天气，寒潮会携带冷空气向热带倾泻，让热带、温带、寒带的热量，进行一次大规模的交换，让自然界的生态保持平衡，让地球上生长在各个地方的物种保持繁茂。

“大寒不寒，人畜不安。”低温能杀死潜伏在土地中过冬的害虫和病菌，让庄稼免受来年病虫的侵害。

大寒是一个充满喜庆气氛的节气。“二十三，是小年，做好糖瓜祭灶神。二十四，扫房子。二十五，糊窗户。二十六，炖猪肉。二十七，宰公鸡。二十八，把面发。二十九，蒸馒头。三十日，门神、对联一齐贴。”各地流传的歌谣虽然有一些区别，但都体现了过年之前准备工作的紧张和迎接新年的快乐。

小年在北方是腊月二十三，在南方则是在腊月二十四。传说灶王爷岁末会回天庭，向玉皇大帝说说这一年来人间发生的事情，让玉皇大帝据此进行赏罚。送灶神的时候，人们会为灶王升天的坐骑准备清水、料豆和秣草，为灶王爷准备糖果。

人们用麦芽糖来祭灶。祭灶的时候，把麦芽糖融化了，涂在灶王爷的嘴巴上，让他别打老百姓的小报告。灶王爷骑马上了天，嘴里直喊糖瓜黏。这样，他就能“上天言好事”，让“下界保平安”了。

祭灶用的糖瓜，是用麦芽糖做的。大麦发芽后，长成高约五厘米的麦草。把麦草洗净、碾碎，和上煮熟的糯米，倒入开水，静置三至四小时后等待发酵。发酵完成后，再过滤，上锅煮三至四小时，熬成金黄黏稠的汁液，冷却后就成了饴糖。

在祭灶的这天，人们还要打扫屋子，清扫灰尘。因为灶王爷是玉皇大帝派到每个人家中监管人们平时善恶的神，屋里的灰尘就是他的笔记本。当屋子里没有灰尘，干干净净的时候，灶王爷上天见了玉皇大帝，也只说人们的好话了。

这一天，孩子们也特别高兴，他们可以和灶王爷一起吃枣糕、核桃、栗子、柿饼和糖瓜。米粉加上糖做成糕。“糕”“高”同音，“年糕”有年年升高之意。

也有的地方会为灶神敬上一杯美酒，灶神喝醉就不能言语了，称为“醉司令”。

腊月三十是除夕，除夕是一年之终，正月初一的春节是一年之始。我们中国人最讲究“有始有终”，因此，这两天是我们中国人最隆重的节庆。

腊月三十的下午，各地都有祭祖的风俗，称为“辞年”。除夕之夜，人们要放烟花、燃爆竹，焚香燃纸，敬迎灶神和诸神来人间过年，这叫“除夕安神”。

除夕夜，家家欢聚，吃年夜饭，这是中国人最重要的一顿饭，称为“合家欢”。家里每一个房间的灯此时都亮起来了，围炉团团坐，通宵不眠，辞年守岁。年夜饭里有很多象征吉祥如意的菜肴，有鱼，取“年年有余”的意思；有韭菜，取“长长久久”的意思；有肉丸、鱼丸，取“团团圆圆”的意思。年夜饭后，开始守岁，到了子时，也就是零点的时候，大家燃放烟花爆竹，庆贺新的一年的开始。

吃完年夜饭，就发压岁钱。明清时候，钱上会刻有“吉祥如意”“长命百岁”等吉祥话。过去给压岁钱，有的是家里吃完年夜饭后，人人坐在桌旁不许走，等大家都吃完了，由长辈发给晚辈。有的是父母在夜晚等子女睡熟后，放在孩子们的枕头边。一直到现在，人们还会把新钱放入红包，给孩子发压岁钱。

从立春到大寒，地球绕着太阳转完一圈。下一圈开始，二十四节气又重新启动。

生生不息的，是节气，也是生命。

大寒三候

一候，鸡乳

鸡提前感知到春天的气息，在大寒时节，开始孵小鸡。

二候，征鸟厉疾

征鸟，是指鹰隼这一类远飞的鸟，厉疾是迅猛、快速的意思，鹰隼之类的猛禽，从空中快速地扑向地上的猎物。

三候，水泽腹坚

水域中的冰一直冻到水中央，而且坚实，上下都冻透了，寒冷到了极点。

冰 水凝结而成冰

甲骨文的“冰”，是突起的冰块的样子。

到了小篆，在“冫”旁边加了一个“水”字，表示“冰”是由水凝结而成的。

“冫”后来成为一个部首，一个字里凡有“冫”，大都有“寒冷”“冰冷”之意。你知道吗,在古时候,“冰镜”是指“明月”,而“冰人”，是指“媒人”。

图书在版编目（CIP）数据

时节之美：朱爱朝给孩子讲二十四节气 / 朱爱朝著
. -- 天津：百花文艺出版社，2017.10（2019.5重印）
ISBN 978-7-5306-7296-9

Ⅰ. ①时… Ⅱ. ①朱… Ⅲ. ①二十四节气－儿童读物
Ⅳ. ①P462-49

中国版本图书馆CIP数据核字（2017）第159208号

时节之美：朱爱朝给孩子讲二十四节气
SHIJIE ZHIMEI：ZHUAICHAO GEI HAIZI JIANG ERSHISIJIEQI
朱爱朝 著

出 版 方 百花文艺出版社
地　　址 天津市和平区西康路35号　　邮编 300051
电话传真 +86-22-23332651（发行部）
+86-22-23332656（总编室）
+86-22-23332478（邮购部）
主　　页 http://www.baihuawenyi.com
发 行 方 新经典发行有限公司
电话（010）68423599　邮箱 editor@readinglife.com
经　　销 新华书店

策　　划 亲近母语研究院
责任编辑 郭　瑛
特邀编辑 杜益萍　秦　方
装帧设计 徐　蕊
插　　图 木可子
内文制作 田晓波

印　　刷 天津市银博印刷集团有限公司
开　　本 880毫米×1230毫米　1/32
印　　张 8
字　　数 100千
版　　次 2017年10月第1版
印　　次 2019年5月第10次印刷
书　　号 ISBN 978-7-5306-7296-9
定　　价 39.80元